BIE GEN ZIJI GUOBUQU

ZHANGKONG ZIJI QINGXU DE 115 ZHONG JIQIAO

别跟自己过不去

过不去

——掌控自己情绪的115种技巧

李小凡 ● 著

广东旅游出版社
GUANGDONG TRAVEL & TOURISM PRESS
悦读书 · 悦旅行 · 悦享人生

图书在版编目（CIP）数据

别跟自己过不去 / 李小凡著. — 广州：广东旅游出版社，2013.11
（2024.8重印）
ISBN 978-7-80766-717-9

Ⅰ.①别… Ⅱ.①李… Ⅲ.①情绪－自我控制－通俗读物 Ⅳ.①
B842.6-49

中国版本图书馆CIP数据核字（2013）第244072号

别跟自己过不去
BIE GEN ZI JI GUO BU QU

出 版 人　刘志松
责任编辑　何　阳
责任技编　冼志良
责任校对　李瑞苑

广东旅游出版社出版发行

地　　址　广东省广州市荔湾区沙面北街71号首、二层
邮　　编　510130
电　　话　020-87347732（总编室）　020-87348887（销售热线）
投稿邮箱　2026542779@qq.com
印　　刷　三河市腾飞印务有限公司
　　　　　　（地址：三河市黄土庄镇小石庄村）
开　　本　710毫米×1000毫米 1/16
印　　张　18
字　　数　270千
版　　次　2013年11月第1版
印　　次　2024年8月第2次印刷
定　　价　78.00元

序言

我们每天都会遇到各种各样的事情，面对各种各样的人，自然我们的情绪也会随着事情和人的不同而产生不同的变化。我们有时会开心，有时会难过。但大多数的时候，我们的难过大于开心，面对来自方方面面的压力，我们不得不让自己紧张起来，紧张的背后，就是我们情绪的改变，我们会为一点鸡毛蒜皮的小事而自责或责怪别人。

快到上班时间而公交车却因交通堵塞停滞不前时，你是否会烦躁不安？工作时计算机突然出现故障导致你的资料全部丢失时，你是否会郁闷不已？生活在现今这个错综复杂、充满矛盾的社会，谁不曾遇到过令人郁闷的事情呢。工作中的挫折、生活中的困难、同事间的摩擦、邻里间的纠纷，被人冤枉、在公共场所被羞辱、夫妻吵架、子女不听话等，都可使人生气、愤怒，甚至暴跳如雷。

我们每个人都有属于自己的人生，我们都想用最好的状态来迎接明天的到来，所以，如何调整自己、如何操控自己的情绪就成为当下一个非常重要的问题。

调整自己的情绪，首先在于自己对待自己的态度，如果一个人总是因为一点点小事就跟自己过不去，因为一点点小事就为难自己，那么，他的情绪肯定会不好；其次，调整自己的情绪在于自己对生活的态度，如果一个人对于生活总是持一种悲观的态度，那么，他每天的情绪注定是消极的、悲伤的；再次，调整自己的情绪，在于自己对他人的态度，一个心胸狭窄、不懂得包容别人的人，他每天都会跟别人争吵，那么，他的情绪肯定是暴躁的。

本书就是从这个角度出发，告诉人们该如何从根本上来操控自己的情绪，让自己做情绪的主人。当摒除了以上不好的方面，那么，你就会拥有好心情来迎接每一天！

Contents

*C*ontents
目 录

第一章 漫漫人生路，情绪一路相随

人生路漫漫，何曾有坦途？每个人的一生中都难免会遇到一些不如意的事情，贫穷、疾病、厄运、失败、困难、挫折、磨难、彷徨……很多人悲叹生命的有限和生活的艰辛，却只有极少数人能在有限的生命中活出自己的快乐。一个人情绪的好与坏，主要取决于什么呢？主要取决于一种心态，特别是如何善待自己的一种心态。别让这些挫折影响你的情绪，不要跟自己过不去，要多做自己喜欢的事。

第二章　别跟自己过不去

金无足赤，人无完人，有时不要过于执着，能过就过，也许你会觉得失去了本应有的原则，但是生活如果太过执着，只能用一字给其定论，那就是"累"。不庸人自扰，才会有好的心情。

第三章　别为难自己

不要为难自己，做人本来就很难，干吗还要为难自己？只要你做好应该做的事情，就是值得称赞的。如果每天都为难自己，都很在乎别人的看法，那么，你的心情肯定会一天不如一天的。

第四章　气定神闲，别怨天尤人

生活中，一个无法回避的事实是，每一个人的能耐总是十分有限，没有哪个人样样精通，所以，你没有必要怨天尤人、自卑自贱，这些只能让你迷失自我，让你的情绪走进伤心的死胡同。

第五章　别让小事影响了你的心情

别为小事生气，对待一些委屈和难堪的遭遇，在内心转变成另一种心情，以健康积极的态度去化解这一切。如果能从中得到更大的益处，不也是另一种收获吗？

第六章　笑一笑，好心情才会来到

在漫漫的人生旅途中，我们碰到失意并不可怕，即使受挫也无须忧伤。笑对它们，其实它们没那么可怕，心情好了，你才有信心战胜它们。

第七章　乐观一点，你才不会忧郁

快乐是一种心情，宽容是一种仁爱的光芒，智慧是一种获得人生快乐的方法。只要向着阳光，将阴影留在你背后，人生就没有过不去的坎儿。最优秀的人就是你自己，让乐观主宰你的一生，高兴些，别忧郁，做个开心的人！

第八章　学会忍耐，不要用别人的错误来惩罚自己

古人云："忍一时风平浪静，退一步海阔天空。"在别人犯错的时候，你要学会忍耐，千万不要动怒，不要拿别人的错误来惩罚自己。

第九章　多包容一点，看开一点

看开一点，不要在小事上斤斤计较，要学会包容，这样你才会拥有快乐的心情和快乐的明天。

第十章　保持一颗平常心

生命是一种缘，是一种必然与偶然互为表里的机缘。有时候命运偏偏喜欢与人作对，你越是挖空心思去追逐一样东西，它越是想方设法不让你如愿以偿。对待任何事情，我们如果都能保持一颗平常心，那么，悲伤永远也占据不了我们的心灵。

第十一章　保持冷静，切忌浮躁

因为没有一颗冷静的心，我们少了很多的宽容；因为没有一颗冷静的心，我们说了很多伤人的话；因为没有一颗冷静的心，我们做了很多错误的决定。所以说，保持一颗冷静的心，我们才不会伤到别人，我们和别人才能和谐相处。

第十二章　与其生气，不如争气

仿佛有太多的理由让我们生气，让我们抱怨世界的不公，但是生气能解决问题吗？抱怨能让我们摆脱现状吗？生气和抱怨能换回自己的快乐和满足吗？答案当然都是否定的。生气不如争气，斗气不如斗志。

目 录
Contents

第一章 漫漫人生路，情绪一路相随

　　人生路漫漫，何曾有坦途？每个人的一生中都难免会遇到一些不如意的事情，贫穷、疾病、厄运、失败、困难、挫折、磨难、彷徨……很多人悲叹生命的有限和生活的艰辛，却只有极少数人能在有限的生命中活出自己的快乐。一个人情绪的好与坏，主要取决于什么呢？主要取决于一种心态，特别是如何善待自己的一种心态。别让这些挫折影响你的情绪，不要跟自己过不去，要多做自己喜欢的事。

人这一生总是有波折的

人生就是这样，即使不会遇到大坎坷，也会遇到小挫折。

人生如浩瀚神秘的大海，时而风平浪静，一碧万顷；时而狂飙怒号，浊浪裂岸。

人生如变幻莫测的天空，瞬息阳光挥洒，白云悠扬，彩虹飞架；瞬息乌云密布，电闪雷鸣，风狂雨暴。

人生如一支优美动听的乐曲，一段高昂激荡，震天动地，促人警醒；一段浑厚低沉，婉转回肠，催人泪下。

人生如四季，春天鸟语花香，生机勃勃；夏天水清叶绿，骄阳似火；秋天金黄灿烂，馨香浓郁；冬天银装素裹，深沉睿智。

人生有喜有悲、有聚有散、有乐有苦、有得有失、有浮有沉、有爱有恨、有生有死。

为人夫者有丈夫的甜蜜和苦衷，为人妻者有妻子的幸福和辛酸，做父母的有父母的安慰和艰辛，做儿女的有儿女的骄傲和屈懑。从政者有官场上的得意和危机，经商者有商海的亨运和风险，农耕者有田园的安逸和艰难，治学者有纸墨的雅趣和清贫。

人生得意时，不可欣喜若狂，目空一切；人生失意时，切忌长吁短叹，自暴自弃。人生得意时，要珍惜生活，清醒头脑，不管别人阿谀奉承还是献媚恭维；人生失意时，要热爱生活，振作精神，不管别人指手画脚还是冷嘲热讽。

也许一个梦难圆，一个理想未能实现。来一次开怀畅饮，对月长歌又何妨？

笑对人生——相信生活不会亏待每一位热爱她的人。

生命的航船难免遇到险礁恶浪，如何驾驶生命的小舟，让它迎风破浪，驶向成功的彼岸？这需要你我的勇气，不管风吹浪打，胜似闲庭信步，以百折不挠的意志去面对困难，以一种平常心去面对挫折，自信天生我材必有用，相信你会从山重水复疑无路峰回路转至柳暗花明又一村的境地，迎接你的必将是山巅的无限风光。人生难免有起伏，没有经历过失败的人生不是完整的人生。没有河床的冲刷，便没有钻石的璀璨；没有地壳的蕴藏，便没有金子的辉煌；没有挫折的考验，也便没有不屈的人格。正因为有挫折，才有勇士与懦夫之分，愿你我都能做不屈的斗士。记住"故天将降大任于是人也，必先苦其心志，劳其筋骨，饿其体肤，空乏其身，行拂乱其所为，所以动心忍性，增益其所不能"。这便是磨难、逆境塑造人！人的一生，需要奋斗，唯有奋斗才有成功！幸运的花环只属于那些做好了特殊准备的人。在奋斗中寻找乐趣，其乐无穷。当你挥洒的汗水结出丰硕的果实，你必然会体会到成功的欣喜，从而树立自信，更加坚定地奋斗不息。

勉励自己关怀社会，有太多事情需要我们出手帮忙。很多人对人不尊重、对事不负责、对自己不要求、对物不珍惜、对神不感恩、遇到挫折情绪就翻腾——这是拿情绪惩罚自己、拿错误惩罚别人。告诉自己，挫折只是一件事，不能占据你的心，否则就是把快乐拒之门外；反之，若你存有满心的快乐，挫折就进不来。

一个笑脸、一个真挚的眼神、一句知心的话，都会给处于困境中的人以莫大的慰藉，以融化他们心中的坚冰，让他们鼓起生活的希望，增强生活的信心，让漂泊在黑暗之中的心灵小舟找到停泊点。敞开你的心扉，微笑着面对生活，用一颗心去拥抱生活，让灿烂的笑靥荡漾在青春的脸庞，向世界呐喊："活着真好，青春无悔，人生无悔！"

情绪的好坏，取决于你的心态

太多的人悲叹生命的有限和生活的艰辛，却只有极少数人能在有限的生命中活出自己的快乐。一个人快乐与否，主要取决于什么呢？主要取决于一种心态，特别是如何善待自己的一种心态。

生活中苦恼总是有的，有时人生的苦恼，不在于自己获得多少、拥有多少，而是因为自己想得到的更多。人有时想得到的太多，而自己的能力很难达到，所以我们便感到失望与不满。然后，我们就自己折磨自己，说自己"太笨""不争气"等等，就这样经常和自己过不去，与自己较劲。

其实，静下心来仔细想想，生活中的许多事情，并不是你的能力不强，恰恰是因为你的愿望不切实际。我们要相信自己的天赋具有做种种事情的才能，当然，相信自己的能力并不是强求自己去做一些能力达不到的事情。事实上，世间任何事情都有一个限度，超过了这个限度，好多事情都可能是极其荒谬的。我们应时常肯定自己，尽力发展我们能够发展的东西，剩下的，就安心交给老天。只要尽心尽力，只要积极地朝着更高的目标迈进，我们的心中就会保有一份悠然自得。这样，也就不会再跟自己过不去，责备、怨恨自己了，因为，我们尽力了。即便在生命结束的时候，我们也能问心无愧地说："我已经尽了最大的努力。"那么，你就真正此生无憾了！

所以，凡事别跟自己过不去，要知道，每个人都有这样那样的缺陷，世上没有完美的人。这样想，不是为自己开脱，而是使心灵不会被挤压得支离破碎，永远保持对生活的美好认识和执着追求。

别跟自己过不去，是一种精神的解脱，它会促使我们从容地走自己选择的路，做自己喜欢的事。

真的，假如我们不痛快，要学会原谅自己，这样心里就会少一点阴影。这既是对自己的爱护，又是对生命的珍惜。

有人问古希腊犬儒学派创始人安提司泰尼："你从哲学中获得了什么呢？"他回答说："同自己谈话的能力。"

同自己谈话，就是发现自己，发现另一个更加真实的自己。

法国大文豪雨果曾经说过："人生是由一连串无聊的符号组成。"的确，我们生活中的大多数时光都在很普通的日子里度过，有时，看似很正常的生活，感觉上却似走进了生活的误区。有点儿疲惫，有点儿茫然，有点儿怨恨，有点儿期盼，有点儿幻想，总之，就是被一些莫名其妙的情绪、感受占据了自己的思想、生活，而懒得去理清。

于是，我们总是在冥冥之中希望有一个天底下最了解自己的人，能够在大千世界中坐下来静静倾听自己心灵的诉说，能够在熙来攘往的人群中为我们开辟一方心灵的净土。可芸芸众生，"万般心事付瑶琴，弦断有谁听"？

其实，我们自己不就是自己最好的知音吗？世界上还有谁能比自己更了解自己的呢？还有谁能比自己更能替自己保守秘密的呢？朋友，当你烦躁、无聊的时候，不妨和自己对对话，让心灵退入自己的灵魂中，使自己与自己亲密接触，静下心来聆听来自自己心灵的声音，问问自己：我为何烦恼，为何不快？我满意这样的生活吗？我待人处世错在哪里？我是不是还要追求工作上的成就？我要的是自己现在这个样子吗？生命如果这样走完，我会不会有遗憾？我让生活压垮或埋没了没有？人生至此，我得到了什么，失落了什么，我还想追求什么？

这样，在自己的天地里，你可以慢慢修复自己受伤的尊严，可以毫无顾忌地"得意"，可以一丝不挂地剖析自己。你还可以说服自己、感动自己、征服自己。有位作家说的一段话很有道理："自己把自己说服了，是一种理智的胜利；自己被自己感动了，是一种心灵的升华；自己把自己征服了，是一种人生的成熟。"把自己说服了、感动了、征服了，人生还有什么样的挫折、痛苦、不幸我们不能征服呢？

开阔而清静的心灵空间是美好生活的一部分。相信我们每个人内心中都有一个这样的心灵避风港，当我们在人生的旅途中走得累了、烦了的时候，不妨走进自己营造的心灵小屋，安静下来，把琐碎的事情、生活的烦忧暂时抛到九霄云外，静静地、静静地，倾听自己心灵的声音！

第一章

漫漫人生路，情绪一路相随

面对挫折，保持平和

面对人生的挫折，最好的方式便是保持平和。当你以一颗平和的心走过人生的风风雨雨，你才能看到那金色的果实。

有个商人因为经营不善而欠下一大笔债务，由于无力偿还，在债权人的频频催讨下，精神几乎崩溃了，他因此萌生了结束生命的念头。

苦闷至极的他，有一天独自来到亲戚的农庄拜访，心里打算在仅有的时间里，享受最后的恬静生活。

当时，正值八月瓜熟时节，田里飘出的阵阵瓜香吸引了他。守着瓜田的老人看见他，便热情地摘了几个甜瓜，请他品尝。不过，心情仍然低落的他，一点享用的心情也没有，但是又无法拒绝老人家的好意，便礼貌地吃了半个，并随口赞美了几句。

然而，老人家听到赞扬，却非常喜悦，他开始滔滔不绝地诉说着自己种植甜瓜所付出的心血与辛苦：

"四月播种，五月锄草，六月除虫，七月守护……"

原来，他大半生都与瓜秧相伴，流了不少汗水，也流过许多泪水。在甜瓜出土时曾遭遇旱灾，但是为了让瓜苗得以成长，老人家即使每天来回挑水也不觉得辛苦。

又有一年，就在收获前，一场冰雹来袭，打碎了他的丰收梦；还有一年，金黄花朵开得相当茂盛时，一场洪水让这一切都泡汤了……

老人说："人和老天爷打交道，少不了要吃些苦头或受些气，但是，只要你能低下头、咬紧牙，挺一挺也就过去了。因为，最后瓜果收获时，仍然全部都是我们的。"

老人指着缠绕树身的藤蔓，对着心事重重的商人说："你看，这藤蔓虽然活得轻松，但它却是一辈子都无法抬头！只要风一吹，它就弯了，因为它不愿靠自己的力量活下去。"

这番话让商人醒悟了过来，他吃完手中剩下的半个甜瓜，在瓜棚下的椅子上放了100元，以示感激，翌日便踏着坚毅的步伐离开了农庄。

五年后，他在城市里重新崛起，并且成为一个现代化企业的老板。

人生在世，谁都会遇到挫折，适度的挫折具有一定的积极意义，它可以帮助人们驱走惰性，促使人奋进。挫折又是一种挑战和考验，英国哲学家培根说过："超越自然的奇迹多是在对逆境的征服中出现的。"关键的问题是应该如何面对挫折。

当挫折拦在我们的面前时，我们开始了选择。正如世上没有完全相同的两片树叶一样，人与人的选择也是不尽相同的。我们可以选择放弃挫折，绕道而行，不必为了遇到挫折而难过，也不用去付出什么努力；我们也可以选择正面迎接挫折，毫无畏惧，虽然我们为此付出了辛勤的劳动，可是我们却可以收获战胜困难的喜悦与兴奋，也有了今后战胜困难的勇气。

当挫折来临时，我们首先要培养自己的一颗平和心。所谓平和心，并非自甘平庸、缺乏进取，而是以一种平静的心态耕耘在自己人生的土地上，不患得患失，不随波逐流，踏踏实实地履行自己生命的职责。

我们不仅要以一颗平和心去面对挫折、面对困难、面对失意，也要以平和心面对成功、面对顺境、面对得意。不管自己的人生处于怎样的状态，都要始终以一颗平和心走好自己的人生路。成功不值得骄傲，那不过是人生的一个小站；失败不值得悔恨，那不过是一不小心走错的一段路，纠正方向从头再来；失意不要沮丧，一年四季里，肯定有风雨交加的时候，要明白，只有狂风大雨才能一洗空气中的尘埃，当空气中的尘埃被洗涤殆尽时，就是空气最清新、阳光最明媚的时候。

每个人都有遗憾，不要让其影响自己

令人后悔的事情，在生活中经常出现。许多事情做了后悔，不做也后悔；许多人遇到要后悔，错过了更后悔；许多话说出来后悔，不说出来也后悔……人的遗憾与后悔情绪仿佛是与生俱来的，正像苦难伴随生命的始终一样，遗憾与悔恨也与生命同在。

人生一世，花开一季，谁都想让此生了无遗憾，谁都想让自己所做的每一件事都正确，从而达到自己预期的目的。可这只能是一种美好的幻想。人不可能不做错事，不可能不走弯路。做了错事、走了弯路之后，有后悔情绪是很正常的，这是一种自我反省，是自我解剖与抛弃的前奏曲，正因为有了这种"积极的后悔"，我们才会在以后的人生之路上走得更好、更稳。

但是，如果你纠缠住后悔不放，或羞愧万分、一蹶不振，或自惭形秽、自暴自弃，那么你的这种做法就真正是蠢人之举了。

古希腊诗人荷马曾说过："过去的事已经过去，过去的事无法挽回。"的确，昨日的阳光再美，也移不到今日的画册中。我们又为什么不好好把握现在，珍惜此时此刻的拥有呢？为什么要把大好的时光浪费在对过去的悔恨之中呢？

覆水难收，往事难追，后悔无益。

据说一位很有名气的心理学老师，一天给学生上课时拿出一只十分精美的咖啡杯，当学生们正在赞美这只杯子的独特造型时，教师故意装出失手的样子，咖啡杯掉在水泥地上成了碎片，这时学生中不断有人发出惋惜声。可是这种惋惜也无法使咖啡杯再恢复原形。今后在你们的生活中如果发生了无可挽回的事时，请记住这破碎的咖啡杯。

破碎的咖啡杯，恰恰使我们懂得了：过去的已经过去，不要为打翻的牛奶而哭泣！生活不可能重复过去的岁月，光阴如箭，来不及后悔。过错是生活的一份养料，从过去的错误中吸取教训，在以后的生活中不要重蹈覆辙，要知道"往者不可谏，来者犹可追"。

错过了就别后悔。后悔不能改变现实，只会消耗未来的美好，给未来的生活增添阴影。最后，让我们牢记卡耐基的话吧：要是我们得不到我们希望的东西，最好不要让忧虑和悔恨来苦恼我们的生活。且让我们原谅自己，学得豁达一点。

尽管忘记过去是十分痛苦的事情，但事实上，过去的毕竟已经过去，过去的不会再发生，你不能让时间倒转。无论何时，只要你因为过去发生的事情而损害了目前存在的意义，你就是在无意义地损害你自己。超越过去的第一步是不要留恋过去，不要让过去损害现在，包括改变对现在所持的态度。

如果你决定把现在全部用于回忆过去、懊悔过去的机会或留恋往日的美好时光，不顾时不再来的事实而希望重温旧梦，你就会不断地扼杀现在。因此，我们强调要学会适当地放弃过去。

当然，放弃过去并不意味着放弃你的记忆，或要你忘掉你曾学过的有益的事情，这些事情会使你更幸福、更有效地生活在现在。

面对一个亲人的逝去，你痛苦难言，感到巨大的损失，但是生死乃是自然法则，任何人也不能超越这一法则。你应当克制自己的痛苦，不要想不开，但也不要压抑悲痛，压抑对心理健康不利。虽然有时这并不容易做到，但如果你一味地沉浸于过去的辉煌或是阴影之中，不把自己解脱出来，不回到现实生活中，你就有永远生活在过去的危险，会产生一种强烈的自我挫败的反应。

遇到挫折，宽恕自己

宽恕，忘怀，前进。当我们碰到人生的挫折时，宽恕自己，才能把犯错与自责的逆风，化为成功的推动力。

如果你仔细观察周围，就会发现，在我们宁静的生活中，大多数人都是亲切的，富有爱心的，也是宽容的。如果你犯了错，只要你真诚地请求他人宽恕，绝大多数人不仅会原谅你，并且他们还会把这事儿忘得一干二净，使你再次面对他们时一点愧疚感也没有。

可贵的是，我们这种亲切的态度对所有人都一样，没有什么人种、地域、民族的分别，但就只对一个人例外。谁？没错，就是我们自己。

也许你会怀疑："人类不都是自私的吗，怎么可能严以律己宽以待人？"是的，人总是会很容易原谅自己，不过，这只是表面上的饶恕而已，如果不这么自我安慰的话，如何去面对他人？但在深层的思维里，一定会反复地自责："为什么我会那么笨？当时要是细心一点就好了。"或是："我真该死，这样的错怎能让它发生？"

如果你还不相信，请你再想想自己有没有犯过严重的错误，如果想得出来的话，那你一定有过耿耿于怀，并未真正忘了它。表面上你是原谅了自己，实际上你是将自责收进了潜意识里。

我们可以对他人宽大，难道就没有资格获得对自己的这种仁慈对待吗？

没错，我们是犯了错。但除了上帝之外，谁能无过？犯了错只表示我们是人，不代表就该承受如下地狱般的折磨。我们唯一能做的只是正视这种错误的存在，从错误中学习，以确保未来不会发生同样的憾事。接下来就应该获得绝对的宽恕，再下来就得把它给忘了，继续前行。

人的一生中犯的错误会很多，要是对每一件事都深深地自责，一辈子都背着一大袋的罪恶感过活，你还能奢望自己走多远？

犯错对任何人而言，都不是一件愉快的事情，一个人遭受打击的时候，难免会格外消沉。在那段灰色的日子里，你会觉得自己就像拳击失败的选手，被那重重的一拳击倒在地上，头昏眼花，满耳都是观众的嘲笑。在那时候，你会觉得简直不想爬起来了，觉得你已经没有力气爬起来了！可是，你会爬起来的——不管是在裁判数到十之前还是之后。而且，你还会慢慢恢复体力，平复创伤，你的眼睛会再度张开来，看见光明的前途。你会淡忘掉观众的嘲笑和失败的耻辱。你会为自己找一条合适的路——不要再去做挨拳头的选手。

玛丽·科莱利说："如果我是块泥土，那么我这块泥土也要预备给勇敢的人来践踏。"如果在表情和言行上时时显露着卑微，每件事情上都不信任自己、不尊重自己，那么这种人也得不到别人的尊重。

造物主给予人巨大的力量，鼓励人去从事伟大的事业。这种力量潜伏在我们的脑海里，使每个人都具有雄韬伟略，能够精神不灭、万古流芳。如果一个人不尽到对自己人生的职责，在最有力量、最可能成功的时候不把自己的力量施展出来，那么就不可能成功。

别让某些东西牵绊了你

人自懂事以来，便识得世间的种种需求和期待，以致街上人群熙熙攘攘，却难得一见满足的表情。"人生待足何时足"，许多人怀有一显身手的想法，却以"待得如何如何"来搪塞自己，总希望有个满足的时候，到那时再寻身心的清闲，目前则只图一时的满足。

古今多少豪杰志士，都在名利二字上消磨尽了。眼前的众人，又何尝不是如此？升斗小民看不破"利"字，正如英雄豪杰放不下"名"字一般。因此，蝇营狗苟，竞志斗才，却不知名利自己到底可保留多久。

名加于身，满足的是什么？利入于囊，受用的又有多少？名如好听之歌，听过便无；利如昨日之食，今日不见，而求取时，却殚精竭虑，不得喘息。快乐并不在名利二字，以名利所得的快乐求之甚苦且短暂易逝。所以，智者看透了这一点，宁愿求取心灵的自由祥和，而不愿成为名利的奴隶。

曾经和一个朋友聊天，朋友说正为这一段时间老是做噩梦而痛苦。问及所梦内容，几乎全是梦见为了一点私利而与别人纠缠不休，甚至大打出手，好生苦恼。我便装作行家，为之解梦，劝他最近放下手中的生意，到处走走，躲一下"小人"，便可不再做噩梦。

朋友心中有事，自然不得清闲，即使在睡梦中也一样。而醒来时，更是驱赶此身进行无尽的追求。当时我没敢与朋友直言，其实真正的"小人"是他自己，是他白日里老是想着为了蝇头小利去与人纠缠，所以才梦里不得安宁。如果整天为名利所累，万事扰心，不得安宁，即便物质生活上锦衣玉食，但精神压力不能排解，也只能悉苦万端。

古语说："天下熙熙，皆为利来，天下攘攘，皆为利往。"利当然是社会发展最有效的润滑剂，但不可过于看重名利，过于为名利奔波不休。随着商品经济的发展，我们每个人都生活在讲究效益的环境里，完全不言名利也是不可能的，但应正确对待名利，最好是"君子言利，取之有道，君子求名，名正言顺"。

当然，最好的活法还是淡泊名利。因为名字下头一张嘴，人要是出了名，就会招人嫉妒，受人白眼，遭到排挤，甚至有可能由此而种下祸根。正如古语所说："木秀于林，风必摧之；堆出于岸，流必湍之；行高于人，众必非之。"而利字旁边一把刀，既会伤害自己，也可能伤害别人，小利既伤和气又碍大利。如果认为个人利益就是一切，便会丧失生命中一切宝贵的东西。

人生待足何时足？名利是无止境的，只有适可而止，才能知足常乐。其实心是人的主宰，名利皆由心而起，心中名利之欲无休止地膨胀，人便不会有知足的时候。欲望就像与人同行，见到他人背有众多名利走在前面，便不肯停歇，自己还想背负更多的名利走在更前面，结果最后在路的尽头累倒。知足者能看透名利的本质，心中能拿得起放得下，心境自然宽阔。

一个人如若养成看淡名利的人生态度，面对生活，他也就更易于找到乐观的一面。但许多人口口声声说将名利看得很淡，甚至作出厌恶名利的姿态，实际是内心中无法摆脱掉名利的诱惑而自欺欺人，未忘名利之心，所以才时时挂在嘴边。好作讨厌名利之论的人，内心不会放下清高之名，这种人虽然较之在名利场中追逐的人高明，却未能尽忘名利。这些心口不一的人，实际上内心充满了矛盾，但名利本身并无过错，错在人为名利而起纷争，错在人为名利而忘却生命的本质，错在人为名利而伤情害义。如果能够做到心中怎么想，口中怎么说，心口如一，本身已完全对名利不动心，自然能够不受名利的影响，那么不但自己活得轻松，与人交往也会很轻松了。

若能及早明白心灵的满足才是真正的满足，也就不会为物欲所驱使，过着表面愉快、内心却充满压力而紧张的生活。若到老时才因无力追逐而住手，心中感到的只是痛苦。在未老时就能明了这一点，必能尝到真正安闲的滋味，而不再像瞎眼的骡子，背上满负着糖，仍为挂在嘴前那块糖奔波而死。真正懂得生活情趣的人，绝不会把自己的生命浪费在永无止境的欲望之中，也不为无意义的事束缚自己的身心，随时都能保持身心最愉悦的状态，而不会做欲望的奴隶。

不快乐，你赢了世界又如何？

人活一辈子，若是很难快乐起来，就算你赢了世界又如何？该放下的都放下吧，不要为难自己，凡事别跟自己过不去！

待人接物以抱宽厚态度最为快乐，因为给人家方便就是为自己的将来打开了方便之门。善于领兵作战的将领，不逞其勇武；善于作战的人，不容易被激怒；善于取胜的人，讲究战略战术，一般不与敌方正面交锋。所以必须懂得"真忍"的价值。

一天，孔子的得意门生颜回去街上办事，见一家布店前围满了人。他上前一问，才知道是买布的跟卖布的发生了纠纷。

只听买布的大嚷大叫："三八就是二十三，你为啥要我二十四个钱？"

颜回走到买布的跟前，施一礼说："这位大哥，三八是二十四，怎么会是二十三呢？是你算错了，不要吵啦。"

买布的仍不服气，指着颜回的鼻子说："谁请你出来评理的，你算老几？要评理只有找孔夫子，错与不错只有他说了算！走，咱找他评理去！"

颜回说："好。孔夫子若评你错了怎么办？"

买布的说："评我错了输上我的脑袋。若你错了呢？"

颜回说："评我错了输上我的帽子。"

二人打着赌，找到了孔子。

孔子问明了情况，对颜回笑笑说："三八就是二十三哪！颜回，你输了，把帽子取下来给人家吧！"

颜回从来不跟老师斗嘴。

他听孔子评他错了，就老老实实摘下帽子，交给了买布的。

那人接过帽子，得意地走了。

对孔子的评判，颜回表面上绝对服从，心里却想不通。他认为孔子已老糊涂，便不想再跟孔子学习了。

第二天，颜回就借故说家中有事，要请假回去。

孔子明白颜回的心事，也不挑破，点头准了他的假。

颜回临行前，去跟孔子告别。

孔子要他办完事即返回，并嘱咐他两句话："千年古树莫存身，杀人不明勿动手。"

颜回应声"记住了"，便动身往家走。路上，突然风起云涌，雷鸣电闪，眼看要下大雨。颜回钻进路边一棵大树的空树干里想避避雨，他猛然记起孔子"千年古树莫存身"的话，心想，师徒一场，再听一次他的话吧，就又从空树干中走了出来。他刚离开不远，一个炸雷，把那棵古树劈个粉碎。颜回大吃一惊：老师的第一句话应验了！难道我还会杀人吗？

颜回赶到家，已是深夜。

他不想惊动家人，就用随身佩带的宝剑，拨开了妻子住室的门栓。

颜回到床前一摸，啊呀呀，南头睡个人，北头睡个人！他怒从心头起，举剑正要砍，又想起孔子的第二句话"杀人不明勿动手"。他点灯一看，床上一头睡的是妻子，一头睡的是妹妹。天明，颜回又返了回去，见了孔子便跪下说："老师，您那两句话，救了我、我妻子和我妹妹三个人哪！您事前怎么会知道要发生的事呢？"

孔子把颜回扶起来说："昨天天气燥热，估计会有雷雨，因而就提醒你'千年古树莫存身'。你又是带着气走的，身上还佩带着宝剑，因而我告诫你'杀人不明勿动手'。"

颜回打躬说："老师料事如神，学生十分敬佩！"

孔子又开导颜回说："我知道你请假回家是假的，实则以为我老糊涂了，不愿再跟我学习。你想想：我说三八二十三是对的，你输了，不过输顶帽子；我若说三八二十四是对的，他输了，那可是一条人命啊！你说帽子重要还是人命重要？"

颜回恍然大悟，"扑通"一声跪在孔子面前，说：

"老师重大义而轻小是小非，学生还以为老师因年高而欠清醒呢。学生惭愧万分！"从这以后，孔子无论去到哪里，颜回再没有离开过他。

人生福祸相依，变化无常。少年气盛时，凡事斤斤计较，锱铢必较，这还有情可原。一个人年事渐长，阅历渐广，涵养渐深，对争取之事应看得淡些，凡事不必太认真，顺其自然最好。如果少年就能如此，那就可称得上少年老成了。

凡事不必太较真，如果太较真，由于人是相互作用的，你表现出一分敌意，他有可能还以二分，然后你则递增为三分，他又会还回来六分……把敌意换成善意，你会有多么大的收获。当"冤冤相报何时了"的两败俱伤，能成为"相逢一笑泯恩仇"的双赢时，不是人生最大的成功吗？

对周围的环境、人事，假如你有看不惯的地方，不必棱角太露，过于显示自己的与众不同。喜怒不形于色，是保护自己的一种方式。有首歌的歌词是：如果失去了你，赢了世界又如何？同样，有时你争赢了你所谓的道理，却可能失去更重要的，事总有轻重缓急之分，顶牛抬杠不养家，不要为了争一口气而后悔莫及！

如果你的一生没有几件开心的事情，你的一天没有几声爽朗的笑声，那只能证明你最不会活。

人活一辈子，需要的东西还真多。只有婴儿和老人活得最本真。婴儿刚生下来，还不会争、不会论、不会抢、不会夺，而老人已经和别人争过、论过、抢过和夺过了，现在他不得不躺在病榻上，身体破败得像一床棉絮，掐着手指数日子，生命进入了倒计时："要什么荣华富贵，要什么功名利禄呢？只要让我活着，就好！"是啊，临去之人，其言也善。

可是，为什么年轻时我们不明白、不会生活、不会将最宝贵的光阴用在最有意义的事情上，而只会较劲，杯弓蛇影，无限矫情？

相信我们在生活中都有过为琐事生气的经历，无非是为了争高低、论强弱，可争来争去，谁也不是最终的赢家。你在这件事上赢了某个人，保不齐会在另一件事上输给他。当你闭上眼睛和这个世界告别的时候，你和普天下所有的人是一样的：一无所有，两手空空。

人生在世，最重要的是做一些有意义的事，才无愧于自己美好的生命。不要把时间耗在争名夺利上，不要总把"就争这口气"挂在嘴边。

真正有水平的人会把这口气咽下去，因为气都是争来的，你不争就没气，只有没气你才会做好事情，也只有没气你才会健康地活着，好生气的人很难不生病。

我们可以从绝症患者的眼神中读到痛苦绝望，也可以非常直观深刻地读出他们求生的欲望。

如果你放在他们面前一座金山、一个显赫的职位、一个光荣的称号，他们一定不会感觉幸福，他们的最高愿望只是活着——健康地活着，哪怕住茅屋，哪怕吃糠咽菜，他们也一定不会觉得苦。可是，又有谁能满足他们这个愿望呢？世界上没有哪个人能真正地救得了他们！

一个绝症患者和一个健康人会争什么东西呢？他们什么也不会和你争，因为他们知道自己是要死的人了，拥有什么和失去什么都会变得没有意义，他们只会乞求上苍，再给他们一次机会，再给他们一些时间，他们一定好好地活，好好地过……

开心是一种生命的状态，是一种宁静的心情，是自己想开了的硕果，别人想争也是徒劳。开心让你忘记和别人争名利、论是非；和别人斗心眼儿、生真气；和别人抢位子、夺情感……开心给你一颗坦然的心，给你一个宽阔的视野，给你一个清醒的头脑，让你从忙着斗天、斗地、斗人，精心算计，日夜辗转中摆脱出来，让你明白自己的生活状态，让你明白自己的一生到底需要什么，让你明白真正的幸福是什么、在何处以及如何拥抱。

有好心情才能幸福，幸福是自己的感觉

人活在这个世界上，所追求的应当是自我价值的实现，并不是为了他人而活。如果你追求的幸福要处处参照他人的模式，那么你的一生都会悲惨地活在他人的价值观里。

生活中的我们常常很在意自己在别人的眼里究竟是一个什么样的形象，因此，为了给他人留下一个比较好的印象，我们总是事事都要争取做得最好，时时都要显得比别人高明。在这种心理的驱使下，人们往往把自己推上一条永不停歇的痛苦的人生轨道。

事实上，人活在这个世界上，并不是一定要压倒他人，也不是为了他人而活。人活在世界上，所追求的应当是自我价值的实现以及对自我的珍惜。不过值得注意的是，一个人是否能实现自我价值并不在于他比他人优秀多少，而在于他在精神上能否得到幸福的满足。只要你能够得到他人所没有的幸福，那么即使表现得不高明也没有什么。

有一个叫珍妮的女人，她喜欢弹钢琴，每天都会弹上一段时间，尽管她的水平很一般。有一天下午，珍妮正在弹钢琴时，七岁的儿子走进来说："妈，你弹得不怎么高明吧？"

不错，是不怎么高明。任何认真学琴的人听到她的演奏都会退避三舍，不过珍妮并不在乎。多年来珍妮一直这样不高明地弹，弹得很高兴。

珍妮也喜欢不高明的歌唱和不高明的绘画。从前还自得其乐于不高明的缝纫，后来做久了终于做得不错了。珍妮在这些方面的能力不强，但她不以为耻。因为她不是为他人而活，她认为自己有一两样东西做得不错就够了，其实，任何人能够有一两样做得不错就应该够了。

不幸的是，不为他人而活已经过时。从前一位绅士或一位淑女若能唱两句，画两笔，拉拉提琴，就足以显示身份。可是在如今竞相攀比的世界里，我们好像都该成为专家——甚至在嗜好方面亦然。你再也不能穿上一双胶底鞋在街上慢跑几圈做健身运动，认真练跑的人会把你笑得不敢在街上露面——他们每星期要跑三十千米，头上缚着束发带，身上穿着昂贵的运动装，脚上穿着花样新奇的跑鞋。不过，跑步的人还没有跳舞狂那么势利。也许你不知道，"跳舞"的意思已不再是穿上一身漂亮服装，星期六晚上陪男友到舞厅去转几圈。"跳舞"是穿上紧身衣裤，扎上绑腿，流汗做一小时热身运动，跳四小时爵士。每星期如此。

你在嗜好方面所面临的竞争，很可能和你在职业上所遭遇的问题一样严重。"啊，你开始织毛衣了，"一位朋友对珍妮说，"让我来教你用卷线织法和立体织法来织一件别致的开襟毛衣，织出十二只小鹿在襟前跳跃的图案。我给女儿织过这样一件。毛线是我自己染的。"珍妮心想，她为什么要找这么多麻烦？做这件事只不过是为了使自己感到快乐，并不是要给别人看以取悦别人的。直到那时为止，珍妮看着自己正在编织的黄色围巾每星期加长五至六厘米时，还是自得其乐。

从珍妮的经历中我们不难看出，她生活得很幸福，而这种幸福的获得正在于她做到了不为了向他人证明自己是优秀的而有意识地去索取别人的认可。改变自己一向坚持的立场去追求别人的认可并不能获得真正的幸福，这样一条简单的道理并非人人都能在内心接受它，并按照这条道理去生活。因为他们总是认为，那种成功者所享受到的幸福就在于他们得到了我们这个世界上大多数人的认可。

人们曾一度耽于一些幻想。假定你确实希冀从他人那里得到认可，更进一步假定得到这种认可是一种健康的目标，脑子里装满这种假定后，你就会想到，实现你的目标的最好最有效的途径是什么呢？在回答这一问题之前，你的脑子里就会想象你的生命中有这样一个似乎获得了大多数人认可的人。这个人是一个什么样的人呢？他怎样行事呢？他吸引每个人的魅力何在呢？你的脑中这个人的形象也许就是一个坦率、不转弯抹角的人，也许就是一个不轻易苟同他人意见的人，也许就是一个实现了自我的人。不过，出乎意料的是，他可能很少或没有时间去寻求他人的认可；他很可能就是一个不顾后果实话实说的人；他也许发现策略和手腕都不如诚实正直重要；他不是一个容易受伤的人，而且是一个没有时间去想那些巧舌如簧和将话说得很有分寸之类的雕虫小技的人。

这难道不是一个嘲讽吗？似乎得到了生命中最多认可的人却是从不为他人而活的人。

下面的这则寓言也许很能说明问题，因为幸福无须寻求他人的认可。

一只大猫看到一只小猫在追逐它自己的尾巴，于是问："你为什么要追逐你自己的尾巴呢？"小猫回答说："我了解到，对一只猫来说，最好的东西便是幸福，而幸福就是我的尾巴。因此，我追逐我的尾巴，一旦我追逐到了它，我就会拥有幸福。"大猫说："我的孩子，我曾经也注意到这个问题，我曾经也认为幸福在尾巴上。但是，我注意到，无论我什么时候去追逐，它总是逃离我，但当我专注于我自己的事情时，无论我去哪里，它似乎都会跟在我后面。"

获得幸福的最有效的方式就是不为别人而活，就是避免去追逐它，就是不向每个人去要求它。和你自己紧密相连，把你积极的自我形象当作你的顾问，通过这些，你就能得到更多的认可。

当然，你绝不可能让每个人都同意或认可你所做的每一件事，但是，一旦你认为自己有价值、值得重视，那么，即使你没有得到他人的认可，你也绝不会感到沮丧。如果你把不赞成视作是生活在这一星球上的人不可避免地会遇到的非常自然的结果，那么你的幸福就会永远掌握在自己手里，因为，在我们生活的这一星球上，人们的认知都是独立的，人人都应该为自己而活。

压力不等于动力，它是情绪的毒药

"压力"曾一度被视为促使人类能够生存的重要因素。克服压力，是一种人面对危险时天生所产生的反应，一种直接由远古的祖先遗传至现代人的感觉。可惜的是，压力只会制造麻烦。有些人却喜欢受到压力，他们笃信"压力不会使人死、压力只会令人强"的理念，透过现代科学的研究和分析也证实了这只不过是自欺欺人的谎言罢了。

压力，这个自诩为前进动力的孪生姐妹的家伙，已成了都市人的致命伤，它严重影响了都市人的生活质量。一个女中学生因不能承受学习的重负而离家出走，某企业老总因再也无法承受员工讨工资、银行讨贷款、老婆闹离婚的生活而跳楼自杀。生活的压力太大，以致他们无法承受，所以才走上了绝路。

现在都市人在充分体验高科技成果所带来的前所未有的愉悦的同时，也忍受着它带给人们的巨大压力。在"时间就是效益""时间就是金钱"等类似观念的感召下，人们与时间赛跑，丝毫不敢怠慢地填满每一分每一秒，忙工作、忙进修、忙休闲，连吃饭都分秒必争，去吃快餐。在这样的快节奏生活下，工作压力、学习压力、生活压力等一齐向人们袭来。身强力壮、承受力大者，挺身憋气、强自为之；心理素质差、承受力弱者，恐慌、失眠。

人不能没有压力，但压力也不是越多越好。我们应一分为二地看待压力，应该看到它在督促人们前进中的作用。每一个人都有一个压力的承受极限，即阈值，超过这个极限，如不能及时排解压力，就要出问题。现代人受到的压力普遍已超过压力的警戒线，许多人甚至于已经超过阈值，这也正是心理医生日益红火的原因。当然，如果压力太小或没有压力，人们就会失去动力，不思进取。俗话说："人要逼，马要骑。"每个人应根据自身条件，把压力维持在最佳程度，只有这样才能临压不惧，真正体验快乐的生活。

你有多久没有躺卧在草地上，凝望苍穹，望天上云卷云舒，看夜空繁星闪烁了？你有多久没有亲近大地，观草木荣衰了？你有多久没有与家人朋友共享一顿丰盛的晚餐了？很久了吧？

在强大的压力之下，都市人每天总是忙、忙、忙，越忙碌，就越觉得生活茫然。不知为何要这么忙，却还是忙、忙、忙。于是，盲目、忙碌、茫然，成天游来荡去，累了、烦了，却还是摆脱不了。忙碌仿佛成了一种惯性，而一旦脱离了这种惯性，整个人又似没有了魂的幽灵，整天晃来荡去不知所措。偶尔工作的余暇有片刻的松懈，又仿佛是偷来的快乐，不敢受用。

加班加点工作在我们这个社会已成为非常普遍的现象，大家工作都太累了，没有时间和精力去享受生活中的其他乐趣，而那些双职工家庭的父母干脆把孩子们送到日托中心。疲劳过度使得大家都成为生活中的失败者。

别跟自己过不去

　　金无足赤，人无完人，有时不要过于执着，能过就过，也许你会觉得失去了本应有的原则，但是生活如果太过执着，只能用一字给其定论，那就是"累"。不庸人自扰，才会有好的心情。

你为虚名所累吗

别为虚名所累，勇敢地面对一切真相。

虚名不是虚荣，虚荣是一种内心的虚幻荣耀感，会使人脱离现实看世界；而虚名则是别人加给的一种名誉。一般来说，名与实是相符的，一个人的名声和他实际所做出的贡献是相等的。但是，有些人获得了名誉之后，就不再发展自己的才能，也不再做出自己的贡献，这种名誉就和实际渐渐地不相符合了，也就成了虚名。

虚名会使人放弃努力，沉睡在他已经取得的名誉上，不思进取，最后将一事无成。中国古代有一个《伤仲永》的故事，说的就是被虚名所误的人生教训。

仲永小时候是个神童，读书过目不忘，能吟诗作赋，被人称颂，成为一时的名人。可是在他成名之后，沉醉在虚名之下，不再刻苦努力学习，渐渐地长大成人之后，他就和一般人一样了。他的那些天赋、才能也都离他而去了，一生无所作为。这就是虚名可以毁掉人生的例子。

一位作家朋友，极看重自己在公众心目中的形象，得了肝病不愿告诉别人，也不去诊治，将病情当秘密一样守护，唯恐自己给人留下一个弱者的印象，结果到了挺不住的那一天已经晚了，被人送进医院不到两个月便与世长辞，年龄不过43岁。可以说，他是被自己的名气累死的。

有个女人叫冯艳，曾是一位拥有数处豪宅、开着凌志车出入的"款姐"，她一掷千金的豪爽大方引得众人的惊羡，也为她自己赢得了"富贵侠女"的美誉。然而，几乎是在一夜之间，冯艳突然销声匿迹，她的豪宅和名车也都易主。一个千万富姐缘何突然一贫如洗了呢？

原来，冯艳与丈夫李刚结婚时，李刚还只是一个被人瞧不起的某化工厂的临时工。为了与李刚结婚，父母都与她断绝了关系。为此，冯艳发誓一定要争回面子。几年之后，冯艳终于等来了艳阳天。李刚果然出人头地了，成了房地产老板，身家千万元。

丈夫有出息了，冯艳觉得应该争回面子。她对丈夫说："咱们结婚的时候，婚礼办得太寒酸了，我一直在人前抬不起头。你要是真想给我争回面子，就给我补办一场风风光光的婚礼！"丈夫二话没说，一口答应了。冯艳在一家豪华大酒店补办了一场隆重气派的婚礼。那天的酒席一共摆了46桌，迎亲车队是清一色的高档豪华进口轿车，省电视台一位主持人为他们主持了婚礼。冯艳的父母终于放弃了成见，满面春风地出席了女儿的婚礼。

爱慕虚荣撑起了冯艳越来越大的胃口，她要求当了房地产开发商的丈夫每盖一幢楼，都要留下一套自住宅。短短四五年的时间，他们就拥有了11套住宅。每次和朋友一起聚会时，冯艳都慷慨埋单，给服务员的小费出手就是四五百元。有一次聚会，冯艳的一位好朋友被小偷割了包，丢失了两千元现金和一部手机，沮丧得没有心思唱歌。冯艳听说后，当即打开包甩给她一沓钱说："不就是两三千元钱吗？我补偿你的损失！"冯艳的豪爽、大方和仗义，使她在圈子里赢得了"富贵侠女"的美誉。然而，在丈夫眼里，妻子变得越来越让他不可理解，越来越让他反感。昔日纯真的冯艳，仿佛变成童话故事中的那个不断向小金鱼索要财宝、贪得无厌、俗不可耐的渔婆。终于，两人的婚姻走到了尽头。

离婚之后，冯艳好不容易争来的面子又没了，她一下子从无限风光的顶峰跌落了下来。但她把面子看得比生命还重要，她不能让人们看她的笑话，她要不惜一切代价把丢失的面子挽回来。这样，她陆续卖掉了从前夫那里得来的六处房产和豪车来维持富姐的生活。

本来，冯艳如果不是为了面子，靠着几处房产下辈子的生活完全不用担心。可就是为了保住面子，她丢了婚姻，丢了仅有的财产，甚至还执迷不悟，这不能不说是一个悲剧。

冯艳这样的情况，当然属于个别极端的例子。

名誉毕竟是人的身外之物，虽然很重要，但是人的生命更重要。为了追求名誉而影响、损害，甚至送掉性命，就是舍本逐末。我们社会上有很多先进人物，他们常常在这种名誉下，生活得很苦很累，失去了常人生活的乐趣，总是想着自己的一言一行、一举一动都要符合自己的身份，这就像给自己戴上了名誉的枷锁，失去了生活的自由，也失去了生命的本真。

不为虚名所累，就是一切以人为本，该怎么做就怎么做，该追求自己的人生目标，就不要被眼前的花环、桂冠挡住了前面的道路，你应该毫不犹豫地抛开这一切身外之物，走自己的路、干自己的事，不因小成就妨碍自己的大成功，这样，才能使你获得真正的荣誉。

你的虚荣心强吗

许多人常会掉入自己设置的陷阱里去，而此陷阱常由虚荣而成。只要随便给点虚荣，即使明知自己的行为意义不大，也会像只无头苍蝇一样飞来忙去。

死要面子活受罪，这话说得一点也不假。生活中，总有一些爱慕虚荣的人为了面子而自己给自己找罪受。有些人越是没钱，越爱装阔，兜里明明没有几个钱了，却仍要请朋友进高档饭馆好好吃一顿；对方明明比自己富裕很多，自己却总是抢着埋单；与人聊天，总要有意无意与别人说一些自己吃过的大餐，去过的高级场所。仔细想想，要这虚荣有何用呢？只是自己给自己找罪受。好吃好喝满足了虚荣之后，自己却食无米、穿无衣、住无所、行无鞋，困兽一般憋在角落里，何苦呢？由此想到一个比喻：死鸡撑硬脚。鸡虽然死了，可它的脚却还在硬撑着。想想确实有点可笑，死都死了，还硬撑个什么劲儿啊！

究其爱面子的心理，根源就在于怕别人瞧不起自己，内心忐忑不安，所以当他们面对一件商品时，往往考虑虚荣比考虑价格的时候多，没钱的自卑像魔鬼一样缠得他们犹豫不决，最终屈服于虚荣，勉强买下自己能力所不能及的东西。于是，社会中有了一种怪现象，越穷的人越不喜欢廉价品，越是没有钱的人，就越爱花钱去显示自己。

其实，真正有钱的人未必如此大手大脚。有位身兼数家公司董事长的朋友，他从来不在乎别人对他的称呼——小气财神。他和朋友去餐馆吃饭时，大都随便点几个菜，一壶清茶，仅此而已。他的衣着也很普通，并不是什么名牌，但很得体。他的车子也不是奔驰什么的，就是普普通通的一辆国产车而已。他的公司业绩很好，而且个人的资产也不菲，但他依然能够不被虚荣所累。

如果你再留心看那些旅游观光的外国客人，他们的穿着打扮都是很随便和俭朴的，有的甚至近于邋遢，事实上，这些人中不乏富有之人。

面子有时是唬人的面具，光为面子活着是很累很可悲的，其实，一个人有无面子的关键不是富与不富的问题，而在于一个人的品德。有时，"里子"比面子更重要。

那么，如何认知虚荣心和改变虚荣心呢？

1.改变认知，认识到虚荣心带来的危害。

虚荣心强的人，在思想上会不自觉地渗入自私、虚伪、欺骗等因素，这与谦虚谨慎、光明磊落、不图虚名等美德是格格不入的。虚荣的人为了获得表扬才去做好事，对表扬和成功沾沾自喜，甚至不惜弄虚作假。他们对自己的不足想方设法遮掩，不喜欢也不善于取长补短。虚荣的人外强中干，不敢袒露自己的心扉，因此给自己带来沉重的心理负担。虚荣在现实中只能满足一时，长期的虚荣会导致非健康情感因素的滋生。

2.端正自己的人生观与价值观。

自我价值的实现不能脱离社会现实的需要，必须把对自身价值的认识建立在社会责任感上，正确理解权力、地位、荣誉的内涵和人格自尊的真实意义。

3.摆脱从众的心理困境。

从众行为既有积极的一面，也有消极的一面。对社会上的一种良好时尚，就要大力宣传，使人们感到有一种无形的压力，从而发生从众行为。如果任社会上的一些歪风邪气、不正之风泛滥，也会造成一种压力，使一些意志薄弱者随波逐流。虚荣心理可以说正是从众行为的消极作用所带来的恶化和扩展。例如，社会上流行吃喝讲排场、住房讲宽敞、玩乐讲高档。在生活方式上落伍的人为免遭他人讥讽，便不顾自己的客观实际，盲目跟风，打肿脸充胖子，劳民伤财，负债累累，这完全是一种自欺欺人的做法。所以我们要有清醒的头脑，面对现实，实事求是，从自己的实际出发去处理问题，摆脱从众心理的负面效应。

4.调整心理需要。

需要是生理的和社会的要求在人脑中的反映，是人活动的基本动力。人有对饮食、休息、睡眠、性等维持有机体生存和延续种族相关的生理需要，有对交往、劳动、道德、美、认识等的社会需要，有对空气、水、服装等的物质需要，有对认识、创造、交际的精神需要。人的一生就是在不断满足需要中度过的。可人毕竟不能等同于动物，马克思指出："饥饿总是饥饿，但是用刀叉吃熟肉来解除的饥饿不同于用手、指甲和牙齿啃生肉来解除的饥饿。"在某种时期或某种条件下，有些需要是合理的，有些需要是不合理的。对一名中学生来说，对正常营养的需要是合理的，而不顾实际摆阔的需要就是不合理的。对干净整洁、符合学生身份的服装需要是合理的，而为了赶时髦，过分关注容貌而去浓妆艳抹、穿金戴银的需要就是不合理的。所以我们要学会知足常乐，多思所得，以实现自我的心理平衡。

法国哲学家柏格森说："一切恶行都围绕虚荣心而生，都不过是满足虚荣心的手段。"他的话虽然未必全对，但至少反映了相当一部分生活的真实。让我们用实事求是的武器，去战胜虚荣心理吧！

你受得了诱惑吗

诱惑就如吸毒一样，一旦染上，你就很有可能在那旋涡里无法自拔。诱惑是很吸引人的东西，但是也如利剑一样伤人，不是所有人都能够抵挡诱惑，也不是所有人都可以逃离陷阱。

我们每个人一生都会遇到很多诱惑与陷阱。要么是我们被别人诱惑，要么我们去诱惑别人。其实每个人都经受不住诱惑，只是每个人被诱惑的底线不同。

有的人也许能克制住自己潜在的欲望与内在的野心。有些人却很难管住自己，明知是泥塘、是深渊，也要往下跳。有了诱惑的第一步，当然就有陷阱。既然别人帮你得到了你想要、又期盼得到的物质与权力地位，你总得付出点什么吧，也要补偿别人。纵使别人不说，但你自己的内心是否有一条可以承受与接纳的底线？

这个社会越来越开放，越来越均衡发展，无论你是诱惑别人，还是别人迷惑你，找准本我最重要，不然到头来你会在诱惑的陷阱里麻痹与挫败。

据说，东南亚一带有一种捕捉猴子的方法非常有趣。当地人将一些美味的水果放在箱子里面，再在箱子上开一个小洞，大小刚好让猴子的爪子伸进去。猴子经不住箱子中水果的诱惑，抓住水果，爪子就抽不出来，除非它把爪子中的水果丢下。但大多数猴子恰恰不愿丢掉到手的东西，以致当猎人来到的时候，不需费什么气力，就可以很轻易地捉住它们。

其实，人又能比猴子高明多少呢？现实生活中许多人无法抗拒诸如金钱、权力、地位的诱惑，沉迷其中而不能自拔。诱惑是个美丽的陷阱，落入其中者必将害人害己，无法自救；诱惑又是枚糖衣炮弹，无分辨能力者必定被击中；诱惑还是一种致命的病毒，会侵蚀每一个缺乏免疫力的大脑。

经不住金钱诱惑者，信奉金钱至上，金钱万能。说什么"金钱主宰一切"，"除了天堂的门，金子可以叩开任何门"等等。他们视金钱为上帝，不择手段去得到它。他们一边用损坏良心的办法挣钱，一边又用损害健康的方法花钱。钱越多的人，内心的恐惧越深重，他们怕偷、怕抢、怕被绑票。他们时时小心，处处提防，惶惶不可终日，寝食难安。恐惧的压力造成心理严重失衡，哪里有快乐可言？其实，钱财乃身外之物，生不带来死不带走，应该取之有道，用之有度。金钱也并非万能，健康、友谊、爱情、青春等都无法用金钱购买。金钱是一个很好的奴隶，但却是一个很坏的主人，我们应该做金钱的主人，而不应该沦为它的奴隶。

落入权势诱惑之陷阱者，终日处心积虑，热衷于争权斗势，一朝不慎就会成为权力倾轧的牺牲品，永世不得翻身。结党营私，各树党羽，明争暗斗，机关算尽，到头来，算来算去算自己。过于沉迷权势的人，为了保住自己的"乌纱帽"，处处阿谀奉承，事事言听计从，失去了做人的尊严，更不用说有什么做人的快乐了。

经不住美色诱惑者，流连忘返于脂粉堆中，醉生梦死于石榴裙下。古往今来，不知有多少王侯将相的前程断送在声色之中。君不见，李隆基因了一个杨玉环，终日不理朝政，最终导致权奸作乱，好端端一个开元盛世顷刻间土崩瓦解。吴三桂为了一个陈圆圆，冲冠一怒为红颜，引清兵入关，留下千古骂名。

"塞翁失马，焉知非福"，这世界的游戏规则也是相同的，有得有失。当你接受一种诱惑时，随之而来的就是某些变故与失落。你一定要考虑好诱惑背后是什么；你的未来是永远的平坦，还是暂时的辉煌。

这个世界太浮躁，有太多的诱惑，一不小心就会掉入这个美丽的陷阱。所以，为人一定要坚守本分，拒诱惑于门外。

你斩得断欲望吗

欲望就像是一条锁链，一环扣着一环，永远都不会满足。我们每个人都有欲望，但欲望太多了，人就会变得疲惫不堪，更无法静下心来去做真正想做的事。所以，欲望是需要控制的，幸福的人其实是知道控制自己内心欲望的人，不会被欲望牵着鼻子走。

这是一个极具诱惑力的社会，这是一个欲望膨胀的年代，人们的心里总是塞满欲望和奢求。追名逐利的现代人，总是奢求穿要高档名牌，吃要山珍海味，住要乡间别墅，行要宝马香车。一切都被欲望支配着。

法国杰出的启蒙哲学家卢梭曾对物欲太盛的人作过极为恰当的评价，他说："十岁时被点心、二十岁被恋人、三十岁被快乐、四十岁被野心、五十岁被贪婪所俘虏。人到什么时候才能只追求睿智呢？"的确，人心不能清净，是因为欲望太多，欲望的沟壑永远填不满，人心永不知足，没有家产想家产，有了家产想当官，当了小官想大官，当了大官想成仙……精神上永无宁静，永无快乐。

伟大的作家托尔斯泰曾讲过这样一个故事：有一个人想得到一块土地，地主就对他说，清早，你从这里往外跑，跑一段就插一根旗杆，只要你在太阳落山前赶回来，插上旗杆的地都归你。那人就不要命地跑，太阳偏西了还不知足。太阳落山前，他是跑回来了，但人已精疲力竭，摔了个跟头就再没起来。于是有人挖了个坑，就地埋了他。牧师在给这个人祷告的时候说："一个人要多少土地呢？就这么大。"

人生的许多沮丧都是因为你得不到想要的东西。其实，我们辛辛苦苦地奔波劳碌，最终的结局不都是只剩下埋葬我们身体的那一小块土地吗？伊索说得好："许多人想得到更多的东西，却把现在所拥有的也失去了。"这可以说是对得不偿失最好的诠释了。

其实，人人都有欲望，都想过美满幸福的生活，都希望丰衣足食，这是人之常情。但是，如果把这种欲望变成不正当的欲求，变成无止境的贪婪，那我们就无形中成了欲望的奴隶。在欲望的支配下，我们不得不为了权力、为了地位、为了金钱而削尖了脑袋向里钻。我们常常感到自己非常累，但是仍觉得不满足，因为在我们看来，很多人比自己的生活更富足，很多人的权力比自己的还大。所以我们别无出路，只能硬着头皮往前冲，在无奈中透支着体力、精力与生命。

扪心自问，这样的生活能不累吗？被欲望沉沉地压着，能不精疲力竭吗？静下心来想一想，有什么目标真的非得让我们实现不可，又有什么东西值得我们用宝贵的生命去换取？朋友，让我们斩除过多的欲望吧，将一切欲望减少再减少，从而让真实的欲求浮现出来。这样，你会发现真实的、平淡的生活才是最快乐的。拥有这种超然的心境，你就能做起事来不慌不忙、不躁不乱、井然有序。面对外界的各种变化不惊不惧、不愠不怒、不暴不躁。面对物质引诱，心不动，手不痒。没有小肚鸡肠带来的烦恼，没有功名利禄的拖累，活得轻松，过得自在。白天知足常乐，夜里睡觉安宁，走路感觉踏实，蓦然回首时没有遗憾。

古人云："达亦不足贵，穷亦不足悲。"当年陶渊明荷锄自种，嵇康树下苦修，两位虽为贫寒之士，但他们能于利不趋、于色不近、于失不馁、于得不骄。这样的生活，也不失为人生的一种极高境界！

人生好像一条河，有其源头，有其流程，有其终点。不管生命的河流有多长，最终都要到达终点，流入海洋，人生终有尽头。活着的时候，少一点欲望，多一点快乐，有什么不好？

你自私吗

私心是条虫，人若肯下狠心治死它，生命之树便会繁茂青翠，反之，怕它、爱它，一碰着它就疼得心如刀绞，等到虫子长大了，树也枯干了。

现今生活丰富多彩、新颖便利，可深入现代人群却发现人们心中充满了枯燥与疲惫。尽管发展给他们带来了不可替代的方便快捷，但人们没有感觉到活着轻松了，反而感觉越活越累。

这是何故？累从何来？累不是来源于工作和劳动，而是因为心理上的忧愁烦恼压制了人们的自由，欲望的膨胀使他们因为票子没别人的多，房子没别人的大，车子没别人的好，妻子没别人的靓，穿着不如别人的时尚，用的不如别人的高档……而烦恼愁苦。

仔细分析他们的这些烦恼，无不是因自己而生的，都是以"我"为中心，以"唯我独尊"为原则而产生的，这就是中国成语中的"自寻烦恼"，为了自己的私心而寻来的烦恼。

从前，有两位很虔诚、很要好的教徒，决定一起到遥远的圣山朝圣。圣者看到这两位如此虔诚的教徒千里迢迢来朝见他，十分感动地告诉他们："我要送给你们每人一件礼物！不过你们当中一个要先许愿，他的愿望会马上实现；而第二个人则可以得到那愿望的两倍。"

其中一个教徒心里想："太好了，我已经想好我要许什么愿了，但我不能先讲，那样的话太吃亏了，应该让他先讲。"而另一个教徒也怀有同样的想法："我怎么可以先讲，让他获得两倍的礼物？这可不行。"于

第二章 别跟自己过不去

39

是，两个教徒就开始假装客气地推让起来。"你先讲！""你比我年长，你先许愿吧！""不，应该你先许愿！"两人彼此推来让去，最后两人都不耐烦起来，气氛一下子变得紧张了。"你怎么回事呀？""你先讲啊！""为什么你不先讲而让我先讲？我才不先讲呢！"

到最后，其中一个气呼呼地大声嚷道："喂，你再不许愿的话，我就打断你的狗腿，掐死你！"另外一个见他的朋友居然翻脸，而且还恐吓自己，干脆把心一横，狠狠地说道："好，我先许愿！我希望……我的一只眼睛瞎掉！"

很快，这位教徒的一只眼睛瞎掉了，而与此同时，他朋友的双眼也立即瞎掉了！本是一件皆大欢喜的事，却因为两人的自私而成了悲剧。

下面是一个耐人寻味的故事。

越南战争中，一个美国士兵打完仗后回到国内，在旧金山旅馆里他辗转反侧，夜不能寐。

午夜，他给家中的父母打了一个电话。

"爸爸，妈妈，我要回家了。但是我要你们帮一个忙，我要带一个朋友一起回来。"

"当然可以。"他的父母亲回答说，"我们见到他会很高兴的。"

"但是，有件事一定要告诉你们，他在那可恶的战争中踩响了一个地雷，受了重伤，他成了残疾人，少了一条腿和一只手。他已无处可去，我希望他能和我们住在一起。"

"我们为他感到遗憾。孩子，我们帮他另找一个地方住下，好吗？"

"不，他只能和我们住在一起。"

"孩子，你不知道，这样他会给我们造成多大的拖累，我们有我们的生活。孩子，你自己一个人回家来吧。他会有活路的。"话没说完，儿子的电话就挂断了。

父母在家等了许多天，未见儿子回来。

一个星期后，他们接到警察局打来的电话，被告知他们的儿子跳楼自杀了。

悲痛欲绝的父母飞到旧金山，在停尸房内，他们认出了自己的儿子，然而，他们惊愕地发现：他们的儿子少了一条腿、一只手。

所以，人若想活得轻松，长寿，就当放下私心，少为自己想，多为别人想，与此同时便会得到快乐。助人为乐嘛，在帮助别人的时候，你便会发现心中有一种说不出的快乐，心里乐了，脸上笑了，笑容是最好的化妆品，即使长得再丑，若用笑容来装饰便觉可爱，若长得很漂亮，天天愁眉苦脸，像别人欠其两百元钱似的，人人见了人人烦。

你做人过于执着吗

金无足赤，人无完人，有时不要过于执着，能过就过，也许你会觉得失去了本应有的原则，但是生活如果太过执着，只能用一字给其定论，那就是"累"。

时间并不能治疗伤痛，只能淡化伤痛，让我们所经历过的一点一滴去填充、去淡化这伤痛。也许失去会让人伤心欲绝，但不正是因为这种失去才让我们懂得珍惜吗？不正是因为失去才懂得自己的需要吗？失失得得，得得失失，所以我们不能因为失去就总沉溺于痛苦当中，而应该在失去后懂得正视自己。

一位教授在上心理咨询课时听到一位妇女这样报告："每当我丈夫挤牙膏从中间挤时，我就会抓狂！每个人都知道，应该从尾端向前面开口处挤嘛！"

这个现象引起了教授的注意，为此，教授在全班做了一次调查，看看牙膏该怎么挤。教授原本以为大多数人都明白牙膏应由尾端挤向开口处，然而调查结果显示，只有约一半的同学知道应由尾端先挤；而其他一半的同学竟认为，挤牙膏应从中间开始挤！

当然，重点并不是你从牙膏的什么地方开始挤，而是你应该将牙膏挤到牙刷上面，至于牙膏是如何附着到牙刷上的，事实上并不太重要。假使真的有问题，那也应该是我们的内心制造出来的！

教授称这种一成不变的行为方式为"模式"。"我们脑子里塞满了一堆惯性的动作和行为模式。"她解释道，"假使我们无法跳脱自己固有的思考及行为模式，在与别人相处、他人又希望来点不同的处境时，我们便会被激怒，且会变得跟周遭的人、事、物格格不入。"

当教授跟班上的同学们分享"模式"的概念时，同学们皆承认了自己的一些荒唐好笑又刻板的思考模式：一位妇女竟为了卫生纸纸卷的方向"错误"而郁闷了半天，她只在卫生纸卷的方向是由墙边向外转时，才会感到满意；另外一位男士则说，每天早上他都会将车停在火车站的某一"特定"停车位，假使有一天别人无意中停了那个车位，他就会有种想法——"今天一定是个倒霉日"；还有一位同学说，只要他的慢跑长裤被折叠的方式"错误"，他就会冒出无名火。

教授告诉我们："真正的解脱之道，就是找出你的模式，然后破除它。找一天开车上班时，挑不同的路走走；给自己换个新发型；将房子里的家具换换位置……做任何可防止自己落入停滞不前状态的新鲜事。"

因此，教授建议那位寻找特定停车位的男士给自己一星期，每天都故意不停那"幸运停车位"，看看会发生什么事。第二个星期他再次来上课时，脸上充满着闪亮的笑意，说："我照着你的建议去做了！不但没有倒霉事发生，我甚至过了好几天的幸运日！现在我明白了，自己以往皆被固有的想法绑住，如今我已解脱，高兴停哪儿就停哪儿！"

另一位叫唐娜的学员对于吃麦片粥的碗有个模式，那就是，每天早晨她都会拿起同一个蓝色的碗，吃着同样的早餐——麦片、牛奶和一根香蕉，这成了她每天的例行事项，也成了一种模式。有一天，唐娜同样走到橱柜前想取出"她的"蓝色碗时，却发现它不见了，这简直太可怕了！

"我四处搜寻，结果发现别人正拿着那只碗去吃早餐。"唐娜说道，"我有些恼怒并想着：'他真大胆，竟敢用我的碗来吃早餐！'我成了那只蓝碗的奴隶（假使不是因为我感觉受到侵犯，也许到现在我仍不自知）。非常幸运地，我突然想起教授曾上过的这么一课，念头一转，我告诉自己：'好吧！这是一个让我从模式中解脱出来的机会……我可以用同样轻松的心情去使用另一个碗。'

"我做到了！而且很神奇地，我完全能如从前使用那个蓝色碗一般享受早餐。从此之后，我从碗的桎梏中解放出来了。"

其实，我们全部拥有自由的心灵，而且不会被任何事物所绑住，除非我们自己认为会；我们全都享有自由，不论汽车停在哪一个停车位，不论使用哪一个餐碗。

活着——真实地活着——我们必须让自己跟周遭的人、事、物融合在一起。我们不能将自己局限于某种不变的形象下，或者认定每件事情只有单一的解决方案。

一位东方的哲学家就曾说过："快乐的秘诀在于'停止坚持自己的主张'。"

我们必须分辨清楚，到底是生活圈住了我们，还是我们自身狭隘的思维限制了自己。能实现快乐的唯一方式是不被任何事物所约束，而不受约束的唯一方式则是——管理好自己的思想。

你的内心骄傲吗

人有时候是盲目的、自大的、目空一切的。人最难以克服的是内心的骄傲，自己认为知道的，却是没有理由、没有根据的。

生活中，每一个人的能力总是十分有限，没有哪个人样样精通，所以，人人都可在某些方面成为我们的老师。当自以为拥有一些才艺时，你要记住，你还十分欠缺，而且会永远欠缺。正所谓：闻道有先后，术业有专攻。一定不要自命清高，狂傲自负，不然，成功将与你无缘。

自负的人通常是相当有野心和难以相处的，而且对自己的成就感到相当的骄傲，尽管他们表现得很有自信，但是他们仍然会因为对形势估计不足而犯下大错。一个骄傲自负的人常会认为，世界上如果没有了他，人们就不知该怎么办了。殊不知，天外有天，人外有人，这个世界离了谁地球都照样转。骄傲的人总免不了失败的命运，因为骄傲，他们就失去了为人处世的准绳，结果总是在骄傲里毁灭自己。

傲慢自负的"集大成者"，似乎当推东汉的祢衡。

祢衡很有才华，但性情高傲，总是看不起别人。当时，许都为新建的京城，贤人达士从四面八方向这里汇集。有人向祢衡说："你何不去许都，同名人陈长文、司马伯达结交呀？"祢衡说："我怎么能去同卖肉打酒的小伙计们混在一起呢？"又有人问他："荀文若、越稚长将军又怎么样呢？"祢衡说："荀文若外貌还可以，让他替人吊丧还行；越稚长嘛，肚子大，很能吃，可以让他去监厨请客。"

祢衡和鲁国公孔融及杨修比较交好，常常称赞他们，但那称赞却也傲得可以："大儿孔文举，小儿杨祖德，其余的都是庸碌之辈，不值一提。"祢衡称孔融为大儿，其实他比孔融年轻得多。

孔融很器重祢衡，除了上表向朝廷推荐之外，还多次在曹操面前夸奖他。于是曹操便很想见见祢衡，但祢衡自称有狂疾，不但不肯去见曹操，反而说了许多难听的话。曹操十分恼怒，但念他颇有才气，又不愿杀他。但后来，祢衡屡次侮辱曹操以及他手下官员，被曹操遣送至刘表处，刘表又让其去黄祖处，终被黄祖所杀。

有一个成语叫"虚怀若谷"，意思是说，胸怀要像山谷一样虚空。这是形容谦虚的一种很恰当的说法。只有空，你才能容得下东西；而自满，除了你自己之外，容不下任何东西。

有一个自以为是的暴发户，去拜访一位大师，希望大师教他修身养性的方法。

但是打从一开始，这人就滔滔不绝地说个没完。大师在旁边一句话也插不上，于是只好不断地为他倒茶。只见杯中的水已经满了，可是大师仍然继续倒水。

这人见状，急忙说："大师，杯子的水已经满了，为什么还要继续倒呢？"

这时大师看着他，徐徐说道："你就像这个杯子，被自我完全充满了，若不先倒空自己，怎么能悟道呢？"

生活之中，我们常常不自觉地变作一个注满水的杯子，容不下其他的东西。因而，学会把自己的执念先放下，以虚心的态度去倾听和学习，你会发现大师就在眼前。

当然，也不能说骄傲就非得让人联想到"目空一切""狂妄自大""妄自尊大"这一类词。还有另外一种骄傲，那就是真正的骄傲，是一种发自内心的感受，是因德艺超群而自信，因自信而从容淡定。古往今来，像李白的"天子呼来不上船"，"仰天大笑出门去，我辈岂是蓬蒿人"，自信"长风破浪会有时，直挂云帆济沧海"；曹操的"烈士暮年，壮心不已，老骥伏枥，志在千里。"他们的丰功伟业，壮志才情，就是发自他们内心的"骄傲"。这样的一种骄傲当然也是值得称颂的一种骄傲。

你挑剔别人吗

人本来就不是完美的，也只有不完美才是真正的完美。人必须承认自己和别人都不完美，才可能欣赏别人，同时欣赏自己。人应该生活在欣赏之中，而不是活在挑剔之中。欣赏就是美，挑剔就是丑陋，这是禅者对生活的注释。

德国有句谚语："好嫉妒的人会因为邻居的身体发福而越发憔悴。"这是很有道理的，为什么这么讲？因为嫉妒的人总是拿别人的优点来折磨自己。别人年轻他嫉妒，别人长相好他嫉妒，别人身材高他嫉妒，别人风度潇洒他嫉妒，别人有才学他嫉妒，别人富有他嫉妒，别人学历高他嫉妒……

好嫉妒的人往往自大。因为自大，就想高人一等，所以就容不下比他强的人。看到周围的人有超过自己之处，要么设法去贬低，要么设置陷阱去坑害对方。好嫉妒的人必然自私，自私的人必然嫉妒，嫉妒和自私犹如孪生兄弟。

法国作家拉罗什弗科就曾说过："嫉妒是万恶之源，怀有嫉妒心的人不会有丝毫同情心"，"嫉妒者爱己胜于爱人"。因为嫉妒，他不希望别人比自己优越；因为自私，他总是想剥夺别人的优越。好嫉妒的人从来不为别人说好话。好嫉妒的人，因为容不下别人的长处，所以他就通过说别人的坏话来寻求一种心理的满足。好嫉妒的人没有朋友，因为他容不下别人的长处，而每个人都有自己的长处，所以他就把所有的人都视作自己的敌人，以冷漠的目光注视别人。

高明的人则善于欣赏别人的所作所为，而不是去挑剔别人。著名的企业家松下幸之助说："身为一个经营者，如果总觉得员工这里不行，那里不行，以鸡蛋里挑骨头的态度来观察部下，不但部下不好好做事，久而久之，他会发现周围没有一个可用的人了。"

如果你想保持快乐心境，免除心中的自责和苦闷，就得学会不挑剔别人，也不挑剔自己。古人说"严以律己，宽以待人"，如果在每办完一件事之后就会挑剔自己，悔恨没有把它做得十全十美，那就不对了。挑剔自己会使自己变得钻牛角尖，苛责自己，情绪低落，造成忧郁。同样，挑剔别人也不会给你增加快乐。

唐朝盘山宝积禅师说："心若无事，万法不生，意绝玄机，纤尘何立？"心中丝毫的烦恼和无明，都是自己惹出来的，只要你不那么想，一切自然周偏圆融，体会到春花处处秀之美了。禅宗第三祖僧璨大师说："至道无难，唯嫌拣择；但莫憎爱，洞然明白，毫厘有差，天地悬隔，欲得现前，莫存顺逆，违顺相争，是为心病。"我们的情绪不好，不得清心，是由于我们犯了拣择的毛病，起了挑剔的念头，于是有了顺逆的苦恼。

你会选择逃避吗

抱怨会因为借口的到来而赶走机遇；拖延会因为借口的到来让生命颓废；逃避会让你永远守着今天而看不到明天！

一天晚上，外面正下着大雨，猴子和癞蛤蟆坐在一棵大树底下，相互抱怨天气太冷了。

"咳！咳！"猴子咳嗽起来。

"呱，呱，呱！"癞蛤蟆也喊个不停。

它们被淋成了落汤鸡，冻得浑身发抖。这种日子多难过呀！它们想来想去，决定明天就去砍树，用树皮搭个暖和的棚子。

第二天一早，红彤彤的太阳露出了笑脸，大地被晒得暖洋洋的。猴子在树顶上尽情地享受着阳光的温暖，癞蛤蟆也躺在树根附近晒太阳。

猴子从树上跳下来，对癞蛤蟆说："喂！我的朋友，你感觉怎么样？"

"好极了！"癞蛤蟆回答说。

"我们现在还要不要去搭棚子呢？"猴子问。

"你这是怎么啦？"癞蛤蟆不耐烦了，"这件事明天再干也不迟。你瞧，现在我有多暖和、多舒服呀！"

"当然啦，棚子可以等明天再搭！"猴子也爽快地同意了。

它们为温暖的阳光整整高兴了一天。

傍晚，又下起雨来。

49

它们又一起坐在大树底下，抱怨天气太冷，空气太潮湿。

"咳！咳！"猴子又咳嗽起来。

"呱，呱，呱！"癞蛤蟆也冻得喊个不停。

它们再一次下了决心：明天一早就去砍树，搭一个暖和的棚子。

可是，第二天一早，火红的太阳又从东方升起，大地洒满了金光。猴子高兴极了，赶紧爬到树顶上去享受太阳的温暖。癞蛤蟆也一动不动地躺在地上晒太阳。

猴子又想起了昨晚说过的话，可是，癞蛤蟆却说什么也不同意："干吗要浪费这么宝贵的时光，棚子留到明天再搭嘛！"

这样的故事，每天都重复一遍。一直到今天为止，情况都没有变化。

癞蛤蟆和猴子还是一起坐在大树底下呻吟，抱怨天气太冷，空气太潮湿。

"咳！咳！"

"呱，呱，呱！"

生活中，我们常把明天变为逃避今天的心灵寄托，明天的到来会因为你的懒惰导致现状更困惑。

所以，在竞争激烈的现代社会，保持健康的心理状态是相当重要的。许多研究心理健康的专家一致认为，适应力良好的人或心理健康的人，能以"解决问题"的心态和行为面对挑战，而不是逃避问题，怨天尤人。

然而，在现实生活中，能够以正确的态度和行为面对挫折与挑战其实并非易事。我们可以看到周围的不少人，他们或因工作、事业中的挫折而苦恼抱怨，或因家庭、婚姻关系不和而心灰意冷，甚至有的因遭受重大打击而产生轻生念头，生命似乎是那么脆弱。

有这样一个故事：住在楼下的人被楼上一只掉在地板上的鞋子所惊动，那种声音虽然搅得他烦躁不安，可是真正令他焦虑的却是不知道另一只鞋什么时候会掉下来。为了那只迟迟没有落下来的鞋子，他惶恐地等待了一整夜。

在实际生活中也常常这样，往往是高悬在半空中的鞭子才给人以更大的压力，真正打在身上也不过如此而已。

由此我们可以得到什么启示呢？等着挨打的心情是消极的，那种等待的过程与被打的结果都是令人沮丧的。一个人在心理状况最糟糕的状态下，不是走向崩溃就是走向希望和光明。有些人之所以有着不如意的遭遇，很大程度上是由于他们的个人主观意识在起着决定性的作用，他们选择了逃避。如果我们能够善待自己、接纳自己，并不断克服自身的缺陷，克服逃避心理，那么我们就能拥有更为完美的人生。

你感觉自卑吗

自卑往往伴随着怠惰，往往是为了替自己在有限目的的俗恶气氛中苟活下去而辩解，这样一种谦逊是一文不值的。

现代社会竞争激烈，强中还有强中手，相比较下，难免会产生自卑感。自信者往往能勇敢地面对挑战，而有自卑感的人，只能遗憾地把自己放在"观众"的位置上。

如果我们的生命中只剩下了一个柠檬，自卑的人说，我垮了，我连一点机会都没有了。然后，他就开始诅咒这个世界，让自己处在自怜自艾之中。自信的人说，我至少还有一个柠檬，我怎么才能改善我的状况，我能否把这个柠檬做成柠檬水呢？我能从这个不幸的事件中学到什么呢？

所以，成功的人拒绝自卑，因为他们知道，自轻自卑，会把自己拖垮。一个人若被自卑所控制，其心灵将会受到严重的束缚，创造力也会因此而枯萎。

有这样一则寓言：

上帝想和人类玩个捉迷藏的游戏。

上帝想把一种叫作"自卑"的东西藏在人身上，于是他和天使们商量："你们给我出个主意，我该把它放在人的哪个部位最为隐秘？"

有的天使回答说藏在人们的眼睛里，有的说藏在人们的牙缝里，有的说藏在人们的腋窝里。

但一个聪明的天使笑着说："上面这些地方，人们都很容易找到。他们马上会把自卑还给您。您最好把它藏在人们的心里，那里是他们最后才能想到的地方。"

有自卑感的人总是习惯于拿自己的短处和别人的长处相比，结果越比越觉得不如别人，形成自卑心理。内心的自卑，对一个人的成长与发展是最要命的，因而，如果你发现自己自卑，就要用理性的态度把它铲除掉。

如果你想完善自我，找寻快乐，就要战胜自卑。自卑缘于自我评价过低，缘于没能正确地定位自己的人生坐标。战胜自卑，首先要正确地认识自己和评价自己。"尺有所短，寸有所长"，每个人都是既有优点又有缺点的。自卑者要学会正确看待自己的优缺点，努力发现自己的可爱之处，强化自己的长处，弥补自己的短处。

克服自卑，还要学会科学地比较，掌握正确的比较方法，确定合理的比较对象。如果以己之不足和他人之长相对照，肯定只会长他人志气，灭自己威风，最终落进自卑的泥潭，失去前进的动力。当然，也不能从一个极端走向另一个极端，老是用自己的长处去比别人的短处，这样容易唯我独尊，总觉得自己比别人高出一筹，产生洋洋自得、不可一世的心理。

此外，战胜自卑，还应着力去弥补自己的不足之处，使自己得到更大的发展。大凡在事业上做出突出成绩的人，在这方面都是做得很好的。日本前首相田中角荣天资聪颖，但中学时有口吃的毛病，给他带来巨大的苦恼，他因此变得自卑、羞怯和孤僻。有一次上课，他的同桌捣乱，教师误以为是田中角荣干的，当田中站起来辩解时，竟面红耳赤说不清楚，老师更加认定是他做错了又不承认，别的同学也嘲笑起来。这件事对田中角荣刺激很大，他回家后，分析自己口吃的原因主要还是源于个人的自卑。从此，他时时鼓励自己在公共场合发言，主动要求参加话剧演出，并经常练习，终于克服了口吃的毛病，为他走上职业政治家的道路奠定了基础。

正确全面认识自己的优点和缺点，充分肯定自己，相信自己的能力，挖掘自己的潜力，提高自己，就能消灭自卑，找回自信，赢得完美人生。

你学会忍了吗

忍是人生智慧中必不可少的，忍是一种心法，一种涵养，一种美德。

人在社会上行走，"忍"是很重要的一个字，因为在任何时间、任何场合，都有不能如你意的问题存在，有些问题无法很快解决，更有些问题不是自己能力所能解决的，所以也只能忍！

元代学者吴亮曾说："忍之为义，大矣。惟其能忍，则有涵养定力，触来无竞，事过而化，一以宽恕行之。当官以暴怒为戒，居家以谦和自持。暴慢不萌其心，是非不形于人。好善忘势，方便存心，行之纯熟，可日践于无过之地，去圣贤又何远哉！苟或不然，任喜怒，分爱憎，捃拾人非，动峻乱色。干以非意者，未必能以理遣；遇于仓卒者，未必不入气胜。不失之偏浅，则失之躁急；自处不暇，何暇治事？将恐众怨丛生，咎莫大焉！"

不能忍的人虽可以暂时解除心理的压力，但终究会自毁前程，失去长远的利益。所以，有智慧的人，不执着于眼前得失，在双方发生意气之争或利益冲突时，宁可选择忍。

清代中期，当朝宰相张英是安徽桐城人。他素来注重修身养性，颇得他人的尊重。同时他也非常孝敬父母，在朝廷任官时，他把母亲安顿在家乡，并经常回家探望。

张老夫人的邻居是一位姓叶的侍郎。张英在一次回家看望母亲时，觉得家中的房子呈现出破败之象，就命令下人起屋造房，整修一番。安排好一切后，他又回到了京城。

正巧，叶侍郎家也正打算扩建房屋，并想占用两家中间的一块地方。张家也想利用那块地方做回廊。于是，两家发生了争执。张家开始挖地基时，叶家就派人在后面用土填上；叶家打算动工，拿尺子去量那块地，张家就一哄而上把工具夺走。两家争吵过多次，有几次险些动武，双方都不肯让步。

张老夫人一怒之下，便命人给张英写信，希望他马上回家处理这件事情。

张英看罢来信，不急不躁，提笔写下一首短诗："千里家书只为墙，让他三尺又何妨？万里长城今犹在，不见当年秦始皇。"封好后派人迅速送回。

张老夫人满以为儿子会回来为自家争夺那块地皮，没想到左等右等只盼回了一封家书。张母看完信后，顿时恍然大悟，明白了儿子的意思。为了三尺地既伤了两家的和气，又气坏了自己的身体，这样太不值得了。

老夫人想明白了，立即主动把墙退后三尺。邻居见状，深感惭愧，也把墙让后三尺，并且登门道歉。这样一来，以前两家争夺的三尺地反而形成了一条六尺宽的巷子。

当地人纷纷传颂这件事情，引为美谈，并且给这条巷子取了一个特别的名字——六尺巷。有人还据此作了一首打油诗："争一争，行不通；让一让，六尺巷。"

古人曰："退一步海阔天空，忍一时风平浪静。"所以，忍让有时是一种策略，它的目的是更好地进。而且，表面的忍让不仅调解了矛盾，还融洽了双方的关系，更有利于事情的圆满解决。

历史上最有名的"忍"的例子就是韩信忍恶少胯下之辱。那时韩信潦倒落魄，无计维生又不好读书，不得不寄食于人，受尽屈辱。淮阳城里有个屠夫，属市井无赖之流，见韩信无所事事却带着刀剑，遂当众拦住他说："你有胆量，就抽剑杀我，若没胆，就从我的裆下钻过去。"

韩信闻此一言不发，低头从他的裤裆下钻了过去。韩信以"忍"字为先，发奋图强，终于成为汉高祖刘邦的大将军。

"小不忍则乱大谋"，"无忍无以处世"，想建立良好的社会关系及成就大事都一定要熟谙"忍"字的精髓。韩信无心也无力与恶少争，只好忍辱爬过恶少胯下。后来，韩信助刘邦争得天下，被封为"淮阴侯"。一次他回故乡的时候，还特意去看了一下当年的恶少，只是恶少已无往日之威风，看到韩信，竟然吓得浑身颤抖，连连磕头求饶。

所以，当你碰到困境和难题时，想想你的大目标吧！为了大目标，一切都可以忍！千万别为了"爽快"而挥洒你如熔岩般的情绪，我们一生当中会遇到很多问题，如果你能忍第一个问题，你便学会了控制你的情绪和心志，这样才能成就大事业！

忍是人生智慧中必不可少的，忍并不是怯懦的借口，而是强者的胸襟。只有忍才能积蓄力量，以静制动，后发制人；只有忍才能退思吾身，完善自我，以德服人；只有忍才能顾全大局，使得事业顺利；只有忍才能与人为善，化解、消除各种矛盾和不利因素。纵观历史，凡成就大事者，凡功垂千古、名誉久传者，莫不都将"忍"字作为自己的人生信条。

你学会变通了吗

天下的事，没有一定的方法；天下的道理，却殊途同归，一理通则百理通。成功之道，只有变通一条，除此之外别无通道。

事情不一定要做出来才知道结果，聪明人早在行动之前就对结果心中有数。人生不一定要走到尽头才知道命运好歹，聪明人早在创业之初就瞄准了目标，他们的成功，就像神枪手射中靶心，并不是一个意外。

为什么呢？因为聪明人知道成败得失的要点，并懂得因势利导，使事情向好的方面变化。

哲人说："遇事知道成败得失的要点，进而推测事情的最后结局，那么，创业不会遭致失败，谋事不会徒劳无功。"

成败得失的要点是什么呢？是人情世态的变化。人情世态的变化决定了时势的走向，聪明人将自身潜能与时势融为一体，就能借大势而行，扶摇直上。这正是古今智者驾驭大事的根本方法。

古人说："事情变了，时势就有差异，社会风气也随之改变。一个人，行为合于时宜就会发达，违背时宜就会遭殃。"

什么叫"合于时宜"呢？这就是说，要根据时势的变化，行变通之道。时势是由两种东西促成的，一是物质资源的多寡，二是人们的心理趋向。这两者又相辅相成，物质资源丰富，人心就趋于浮躁；物质资源贫乏，人心就趋于变动。天下没有一百年的平安，因为人心总是在浮躁与变动中摇摆。这使因循守旧者感到很不习惯，却给锐意进取者提供了广阔的发展空间。他们随时而动，随机应变，利用一个又一个机会，架起通天之梯，将命运导向辉煌。

成功者没有固定的成功模式，他们根据事情的需要采用变通的方法，使自己的行为"合于时宜"，而不是逆历史潮流而动。这个道理，就像行船一样，逆水行舟不如顺风扬帆，又轻巧、又快捷。

古人说："天下的道理没有永久正确的，以前所用的，现在或许要丢弃；现在抛弃的，将来或许要用它，关键在于投合时宜。如果一成不变，即便像孔丘那样博学，像吕尚那样善谋，也要落得个穷困潦倒的下场。所以，聪明人做事，先观察土地，然后决定使用什么工具；先观察民情，然后决定事业目标；先综合大家的意见，然后制定具体措施。"

能够根据所处的环境确定对策，根据民心确定努力目标，根据大家的意见确定处事方法，已是懂得变通之道了。

变通，是才能中的才能，智慧中的智慧。古今成大事者，莫不以此达成人生梦想。

许多人具备很高的智商、很好的学问和很优越的条件，但终生努力却无所成就，其根源只有一个：不知变通。

至于那些才智中等，没有什么背景的人，若是不知变通，只能永远沉沦于贫贱之中，难有出头之日。

相反，如果具备变通的智慧，哪怕没学历、没背景、无财又无貌，也能事业有成，乃至创下丰功伟业。无论古今中外，无论政界商界，顶尖人士都不是智商最高、学问最好的人，其他方面的条件也并不比一般人优越。他们唯一优于他人的，是懂得如何根据时势行变通之法。

所以，古人说："五行妙用，难逃一理之中；进退存亡，要识变通之道。"

别为难自己

　　不要为难自己，做人本来就很难，干吗还要为难自己？只要你做好应该做的事情，就是值得称赞的。如果每天都为难自己，都很在乎别人的看法，那么，你的心情肯定会一天不如一天的。

相信自己，人言并不可畏

不要完全相信你所听到的一切，也不要因他人的议论而鄙视自己。你要相信自己，做一个独立自主的人。倘若真是那样，人言还真的可畏吗？

我们经常听到有人感叹："唉！活得真累！"其实，这个"累"主要不是指身体累，而是精神累。你待人诚恳吧，难免吃亏，被人轻视；表现出格吧，又引来嫉妒，遭受压制；甘愿平庸吧，生活又没有动力；有所追求吧，每一步都要倍加小心。家庭之间、同事之间、上下级之间、新老之间、男女之间……天晓得怎么会生出那么多的是是非非。

当然，"活得真累"之病，查找病源不难，但若要从外部原因上断根绝种不大可能。我们若想活得不累，活得痛快、潇洒，只有一个切实可行的办法，就是改变自己、主宰自己，不再让别人的思想潜入自己的意念中去。

有一种叫作滑板的玩具，人可以站在上面滑行。这种运动速度很快，相当激烈，掌握不好就会摔倒。一个美国女孩儿想要玩滑板，就会踩上去滑。如果摔倒了，哪怕摔得有点儿狼狈，她也会爬起来满不在乎地说："没关系，再试一次！"假如一个中国女孩儿也想玩滑板，她心里会想到一连串的问题：摔倒了怎么办？叫人看见多丢人！再说，女孩子玩这个，人家可能会说我太疯、太野了。算了吧，别让人家看着不顺眼……于是她只好不玩。

这类情况在我们的现实生活中十分普遍，可以说是司空见惯。然而，正是它使许多人在不知不觉中把自己的人生交给别人去掌握了。

"身轻者远行"，就是说只有丢掉包袱，才能轻装前进，且走得更远。许多人之所以活得沉重，是因为他们背负了过多别人的评论，所以他们觉得人言可畏。但如果你光明磊落地做人，胸怀又怎能不坦荡？你在乎了这个人说的，又得注意那个人讲的，那么你把自己放在哪里？难道你自己就那么无足轻重吗？难道别人对你的议论指责都是善意的，都是合乎情理的吗？既然你没有做错什么，何必在意他们的评价呢？

其实，很多人遇到不如意的事情，总是灰心或抱怨。这大可不必，应树立正确的生活态度，在遇到挫折时，应冷静分析原因，不能冲动或主观臆断。俗话说求人不如求己，凡事有果就有因，而问题可以说大部分出在自己身上，所以首先要认真剖析自己，像鲁迅先生一样经常解剖自己，及时发现哪里出了毛病，当然主要是思想和日常言行。言为心声，要注意自己的言行，多动脑子，多观察，多与领导、同事及家人沟通，有事不能闷在心里。当一个恶人容易，但当一个好人太难了，人言可畏，所以要不断加强修养，多学习，多开阔视野，做一个思想成熟的人。尽量与人为善，但也不能没有原则。

如果你的脑子里整天塞满了乱七八糟的东西，弄得你头昏眼花、心乱如麻，你又怎能安心工作？你已经被别人的唾液淹得喘不过气来，又如何轻松快乐地度过每一天呢？

你有没有想过，既然别人有思想，那么你自己呢？如果你不了解别人，那么还情有可原；但如果你连自己都不了解，都不能认真坦诚地面对，这又是多么可悲的事情啊！

不要完全相信你所听到的一切，也不要因他人的议论而鄙视自己。你要相信自己，做一个独立自主的人。倘若真是那样，人言还真的可畏吗？

不要管别人，自己的路自己走

　　真正能够沉淀下来的，总是有分量的；浮在水面上的，毕竟是轻薄的东西。且让我们在属于我们自己的人生道路上昂首挺胸地一步步走过，只要认为自己做得对，做得问心无愧，不必在意别人的看法，不必去理会别人如何议论自己的是非，把信心留给自己，做生活的强者，永远向着自己追求的目标，执着地走自己的路！

　　我们生活在这个纷繁的世界上，不可能孤立存在，一个人必然会与许许多多的人交往、合作，但这并不代表着我们要放弃独立而随波逐流。

　　不要总是一本正经或愤愤不平，为赢得人生的成功，你必须摒弃一切不利于前进的阻碍。有时你可以怀疑世界上的很多事物，但不要为此怀疑自己。

　　养成"我只要做好自己"的习惯，这种习惯会在成功的路上助你学会独立，帮你卸下很多包袱，拥有了独立的人格，你就拥有了成功者必备的一个条件。

　　且看国际名模吕燕的成功范例。

　　吕燕，有人说她很美，超凡脱俗的美；有人说她很丑，超凡脱俗的丑。美也好，丑也好，这个曾名不见经传的"丑小鸭"，用她那极富个性和水准的表现力，以及饱含激情的、对自己认真负责的生活态度，成为当今中国最红的国际名模。

　　说起吕燕的成功史，真是颇多曲折：

刚到北京的吕燕，因为没有签约公司只能住在地下室里，一直无法从事模特这一行业。为能在北京待下去，只能自谋生计。那时吕燕常听到这样的议论："她长得那个样子，怎么能当模特呀！"她记得特别清楚，一次到一家模特经纪公司，一进去接待她的人就把她从头到脚仔细打量一遍，目光充满了藐视。但正是这种目光，促使这个天生乐观喜欢挑战的女孩更加努力工作。

一次偶然的机会，她认识了中国顶尖时尚造型师李东田和摄影师冯海。把握着国际化时尚潮流的他们，敏锐地发现吕燕就是那个能同时传递东西方时尚信息的最好载体，于是他们马上就约吕燕化妆造型拍封面照。

那时吕燕和大多数中国模特一样，过得很现实，就想着拍杂志封面越多越好，因为出一个封面，就能得300元人民币。很多时候，她身上一分钱都没有，一贫如洗。经过吕燕的一番辛勤努力，她先后做过五个品牌的形象代言人，只不过老百姓知道的不多。

吕燕小有名气后，一家杂志的老总看了她的照片认为不错，就让她到北京新侨宾馆面谈。那天吕燕刚走到大厅，两个法国人正在退房，见到她就问："你是模特吗？"吕燕看着他们没说话，他们又问："你有签约公司吗？"吕燕摇头。他们就说："你愿意跟我们到法国吗？你到法国一定能成为名模，也一定能赚很多很多钱。"

这个出生在中国江西农村的女孩一直梦想着在T型台上有所作为，可按国内传统的审美标准看，她很难跻身于这个吃青春饭的行业，曾培养过许多著名模特儿的国内某家公司就拒绝和她签约。在北京福特超级国际模特大赛中，她也只能以大赛工作人员的身份做些后勤工作。而正是吕燕身上的那股拼劲，使她只身来到法国。

"刚到国外肯定很不适应。不会讲外语，吃不惯那儿的饭，不认识路，没一个熟人；到商店买东西看见各种包装也是两眼一抹黑，只买认识的速食食品。头一个月居然吃了一百多个鸡蛋。那种感觉完全就像一个人从婴儿开始学习生活一样。"

与生俱来的自信让吕燕受益匪浅。到法国以后，她开始了艰苦的训练，每天要练十多个小时。另外，吕燕每天必须见很多公司和时装杂志的摄影师，这都是她的经纪人安排好的。吕燕到法国之后，同样也遇到过挫折，但她都慢慢克服了。到巴黎已经有些日子了，她没有去过卢浮宫、凡尔赛宫和许多著名的旅游点。在这片陌生的国土上，她没有朋友，有的只是每天不断地辛苦工作。

吕燕就这样一天一天拼搏过来了，她坚信只要努力，就会获得机会。到巴黎没多久，她就接到了一个工作：在一个洗发水广告中当模特儿。这是她过去想都不敢想的事。2000年，吕燕在巴黎举行的世界超级模特大赛中获得了第二名的好成绩，这是目前中国模特在世界级模特大赛中拿到的最好成绩。

好多人都说，幸运一次又一次像天上掉馅饼一样掉在吕燕头上。对此，吕燕有自己的说法，"去巴黎的中国模特不只我一个，我也不是第一个。为什么好些比我漂亮有名的没多久都回来了？因为吃不了那份苦。任何人要想真正成功，根本不可能靠天上掉馅饼。我从小就是那种不给自己留后路的人，撞了南墙也要往前走！"

吕燕对自己的成功，有一番自信的解释，"我从来不在乎别人说我怎么样，我就是这样的。如果我在乎别人的看法，我就没有今天了。可能现在还待在自己的家乡，找一份普普通通的工作，平平淡淡地度过一生。如果听到有人说我不好，我就要照着他的话去做，那样就活得太累，也太没有意思了。我是我，我只要独立，做好自己就成了。"就是秉着这样一副乐观天然的生存守则和处世原则，吕燕得到了上天的厚爱和后天的成功回报。

许多时候，我们太在意别人的看法，因而在一片迷茫之中迷失了自己。

随意地活着，你不一定很平凡，但刻意地活着，你一定会很痛苦，其实人活着的目的只有一个，那就是不辜负自己。

人生在世，潇洒走一回

人生苦，人生累，都要潇洒去面对。潇洒，是一种豁达，一种超脱，一种不拘一格，一种放得开的极高境界。困境中的潇洒，更是放弃苦难的明智，也是追求新生活的开始，这种潇洒更有价值。就让我们在苦难堆积起来的人生中，潇洒地走一回。

有人说："人生是一幅画，每个人都在用手中的笔描绘着自己人生路途的蓝图。"有人说："人生是一首歌，每个生命都在用自己的节奏奏出生命的交响乐。"

当你的努力获得了成功，不要被喜悦的浪潮淹没。在品味过甜蜜之后，潇洒地站起身，抬起头，扬起可爱的笑脸，撑起自信的风帆，挥挥手，不带走一片云彩，继续你搏击的体验。

当你的天空下起了雨，不要被哀伤蒙住双眼，险峰上才有风光无限，让眼泪痛痛快快地流过之后，毅然地擦去泪珠，对着镜中的自己笑一笑，做个鬼脸，告诉自己"经历了风雨才能见彩虹"，走出门，大声说："我一定成功。""心若在梦就在，让我从头再来。"

潇洒的一生，要为自己创造条件，心里要有快乐的细胞，脑子里要运转幸福的信息。

人的一生会遇到许多意想不到的事情，有挫折、有创伤、有疾病、有不幸，同时人生也有欢乐、有幸福。所以，人活在世上，要学会坚强、乐观、遗忘，包括糊涂。

学会坚强，不被任何事情所吓倒。无论你生活中遇到什么不幸，都要勇敢地去面对。比如，人的一生要经历升学、恋爱、家庭、事业以及疾病，和一些你意想不到的痛苦、悲伤等，都要勇敢地去面对它，不要为任何事情屈服。人要有一个坚定的信念，乐观地面对自己面前所发生的一切，那么悲伤就会从你的身边溜走，曙光就会来到你的面前。

同时要学会遗忘。学会遗忘会给你的人生创造许多快乐，因为忧愁和烦恼会伴随你左右，只有学会遗忘，该忘却的就应该忘却，不该认真的就别认真，唯有这样，人才能过得潇洒些、快乐些。人的一生难免会做出使自己后悔的事情，然而，你可以后悔一时，但不能后悔不止。正如一位心理学家所说："在各种误区行为中，悔恨是最无益的，无疑是浪费感情和时间的。因为无论你怎么样内疚悔恨，已经发生的事是无法挽回的。"

学会遗忘，也是一种明智的处世之道。

古人说："风来疏竹，风过而竹不留声，雁度寒潭，雁过而潭不留影。"意思是说：当轻风吹过稀疏的竹木固然会发生沙沙的声响，可是当风过去之后，竹林并不会留下声音而仍旧归于寂静，当大雁飞过寒冷的深潭，固然会倒映出雁影，但是雁飞过之后，清澈的水面依旧是一片晶莹，并不会留下雁影。

所以说，世间万物，不论是长是短，是苦是乐，全部会飘然而过，毫不留痕迹，像是过眼烟云。我们对此应抱的态度是，事情来了我们用心去应对，事情过去之后，心要恢复平静。

生命只有一次，生活也不会倒流，有人把生活比作是一条长长的录音带，可以用录上全新的内容抹掉从前的声音，既然如此我们为什么不去用那生活中最优美的音乐去覆盖以往那不协调的乐章，甚至是那刺耳的噪声呢？

所以说，只有学会遗忘，善于遗忘，才能更好地保留人生最美的回忆，潇洒走一生。

学会宽恕自己

宽恕别人是豁达、大度，是"宰相肚里能撑船"的美德；宽恕自己，同样是一种积极的人生态度，是拨开乌云见晴天的阳光，是化悲痛为力量的灵丹妙药。宽恕自己，风雨之后就一定是彩虹！

有的人，一旦陷入困境，常用一种自我惩罚的方式折磨自己，一味地自责、自恨、自卑、自弃，使自己沉陷于无法解脱的"危险旋涡"之中，把自己推向一条永远看不到光明的"死亡之路"。就像鲁迅先生的作品《祝福》中的祥林嫂那样，孩子被狼叼走后，她痛苦至极，精神恍惚，逢人便说："我的阿毛……"事情已经发生，没完没了地自责、悔恨，于事无补，对人对己都没有好处，甚至令亲者痛、仇者快，何苦而为之？正确的方法应该是尽快地解脱出来，化悲痛为力量，从中吸取经验教训，走好以后的路，既是对死者的告慰，也是对生命的负责。

《读者》上有这么一个故事——采访上帝。

我在梦中见到了上帝。上帝问道："你想采访我吗？"

我说："我很想采访你，但不知道你是否有时间。"

上帝笑道："我的时间是永恒的。你有什么问题吗？"

我问："你感到人类最奇怪的是什么？"

上帝答道："他们厌倦童年生活，急于长大，而后又渴望返老还童。他们牺牲自己的健康来换取金钱，然后又牺牲金钱来恢复健康。他们对未来充满忧虑，但却忘记现在；于是，他们既不生活于现在之中，又不生活于未来之中。他们活着的时候好像从不会死去，但死去以后又好像从未活过……"

上帝握住我的手，我们沉默了片刻。

我又问道："作为长辈，你有什么经验想要告诉子女的？"

上帝笑道："他们应该知道不可能取悦于所有人——他们所能做到的只是让自己被人所爱。他们应该知道，一生中最有价值的不是拥有什么东西，而是拥有什么人。他们应该知道，与他人攀比是不好的。他们应该知道，富有的人并不拥有最多，而是需要最少。他们应该知道，要在所爱的人身上造成深度创伤只要几秒钟，但是治疗创伤则要花上几年时间。他们应该学会宽恕别人。他们应该知道，有些人深深地爱着他们，但却不知道如何表达自己的感情。他们应该知道，金钱可以买到任何东西，却买不到幸福。他们应该知道，得到别人的宽恕是不够的，他们也应当宽恕自己。"

这虽然是一则小寓言，但道理十分深刻。无论对于别人还是对于自己，这一点很清楚：在一个人身上造成深度创伤只要几秒钟，但是治疗创伤则要花上几年时间。我们能做到的、能够把握的莫过于让自己被人爱、宽恕自己。

怎样宽恕自己，抚慰心灵呢？一是把困境看成是合乎自然的事情，是生活的组成部分，是人人必须领取的"快餐"；二是相信"天无绝人之路""车到山前必有路"，"山穷水复疑无路"之后一定会是"柳暗花明又一村"。每个人都会面临难题，每个难题都会过去，每个难题都有转机。相信"逆境不久"的真理，相信自己总有路可走；三是要学会辩证地、全面地看问题，不把境况看得那么坏，"塞翁失马，焉知非福"，把遇到的不幸当成人生的宝贵经历，化为人生的动力；四是相信自己并不是那么差，自己通过努力，以后会做得更好的。

人生就如翻越连绵不绝的山脉，翻过了一座又一座，总是要不停地向前迈进；人生就像过沼泽，如果陷于泥泞的沼泽，苦苦挣扎，那必然会被它吞噬，只有不断向前才能到达彼岸。人生路上虽有坎坷与挑战，但只要拥有执着的信念与宽阔的胸怀，学会释怀与谦让，人生就充满着无数的鸟语与花香。

自责只会让你更消沉

自责只会强调你所没有的，同时忽略你所拥有的。既然有那么多人乐意批评你，根本不用你自己费劲，为什么还要用你的声音加入他们的合唱？

发生不幸、痛苦，或者做了错事，对一个正常人来说，自责是必然的事。但是我们要知道，人非圣贤，孰能无过？知错能改，善莫大焉！短暂的痛苦是智者的表现，一味地自责则是愚人所为。

有人建议，如果你遇到不幸可以痛苦三天：第一天，事情发生得突然，我们没有一点思想准备，肯定是会痛苦的；第二天，冷静分析所发生的事情，从中吸取经验和教训，思考以后的路该如何去走；第三天，调整心态，忘掉过去，放下包袱，轻装赶路。这的确不失为一种摆脱痛苦的明智之举。

大卫向来对自己要求苛刻，同样也苛刻地要求周围的朋友。其实，他很聪明，对人也很热情，又极其热爱交朋友。可以这样说，他根本无法忍受没有朋友的那种孤独和寂寞。然而，他又不允许朋友身上存在任何缺点和毛病，甚至不允许存在与他不同的个性和为人处世的方法。一些朋友为了能同他保持友谊，只好时时刻刻压抑着自己。可是，压抑自己是一种非常痛苦的事情，谁也不能长久坚持。于是，他一边热情地结交新朋友，一边在挑剔中淘汰和失去老朋友，久而久之，他连一位朋友也没有了。大卫在痛苦中自责，但他始终不明白自己到底错在哪里。

麦克无论仪表、举止言谈、家庭条件还是工作事业，在女士心目中都是非常优秀，甚至可以说是非常可亲可爱的。可是，在婚姻问题上，他从来就没有成功过。第一位妻子，因为懒惰被他"逐"出家门；第二位妻子，因为过于自私、贪图小便宜，也被他"逐"出家门；第三位妻子，因为过于奢侈和享乐又被他"逐"出了家门。好心的朋友为他做媒，他接近的第四位女士却说："这人有病。"连他家的门也不进了。同样，他对于自己的状况悔恨不已。

如果你与以上两人相类似，在当时很过分，而事后又悔恨的话，你应该问自己，有这个必要吗？请用一张纸，把所有缠扰你的往事，都写下来。写完以后，不妨问问自己，你有没有决心把这些往事淡忘？究竟要怎么样，你才能够超越它们？你认为你应该永远受它们的支配吗？你不能多做些有益的事情，来赶走这些有毒的回忆吗？为什么别人可以把不愉快的往事淡忘，而你却不能？

我们自己做了错事，失败了，不需要自责。可以弥补的，设法去弥补；无法弥补的，不妨抛开一切，再也不要去触动它。

你可以向内心的自己表明心意，说你已经知错，以后绝不再犯。只要你真心真意，真正超越错误，众生都会听你忏悔，原谅你，帮助你再成长起来。

宽恕别人同样重要，有人伤害我们，他一定会内疚、悔恨，绝不可再思报复。切记：冤冤相报，永无了时。何况报复只会更加深伤痛，远不如以大慈大悲的心肠宽恕别人来得划算。

留一半清醒留一半醉

留一半清醒留一半醉，织一个美梦给自己，以你的心感受一份虚拟的真。倘若，在下一个黎明到来时，你发觉那七彩的天空不过是你梦中偶尔的涂鸦，无须哭泣，至少你曾有过真切的心醉与心碎。

常言说的"大事要清楚，小事要糊涂"，即指对原则性问题要清楚，处理起来要有准则，而对生活中的一些小事，则不必认真计较。在日常生活中，我们对一些非原则性的不中听的话或看不惯的事，可以装作没听见、没看见或是随听、随看、随忘，做到"三缄其口"。这种"小事糊涂"的做法，不仅是一种处世的态度，更是健康的秘诀之一。

有时候，人或许还是糊涂些好。凤姐尽管聪明一世，可最后还是只能以"反误了卿卿性命"收场。因此，有时糊涂未免不是好事。

世人都愿当智者，不愿做糊涂虫，更不会心甘情愿地由聪明而堕入糊涂。然而事实上，人世间万事都复杂善变，我们不可能把每一件事都看得清清楚楚，而且有些事情越是清楚越是让人烦恼。所以古人有"大智若愚"和"难得糊涂"之说。

清代著名诗人、书画家郑板桥曾写过一个条幅："难得糊涂"，条幅下面还有一段小字："聪明难，糊涂尤难，由聪明转入糊涂更难……"当然，这里所讲的"糊涂"是指心理上的一种自我修养，意在劝人明白事理，胸怀开阔，宽以待人。所以真正难得的糊涂，是一种聪明升华之后的糊涂；是一种涵养，心中有数，不动声色；是一种气度，思想高深，超凡脱俗；是一种运筹，整体把握，不拘泥于小事。一个人要是做到这些，他一定是最"糊涂"而又最聪明的人。

对一些生气烦恼也无济于事的情况，要学会"糊涂"对待。"糊涂"既可使矛盾冰消雪融，又可使紧张的气氛变得轻松、活泼，从而保持心理上的平衡，避免许多疾患的发生。当你处于困境时，"糊涂"一点能使你保持心胸坦然、精神愉快，减少对"大脑保卫系统"的不必要刺激，还可消除生理和心理上的痛苦和疲惫。

在男女的爱情中，更是需要难得糊涂。而当一段情感改变颜色——或疏远、或伤害、或背叛，总有一方会忍不住愤怒："你曾经说过爱我到永远，原来你的话全是骗人的！"被质问的人常常会深感委屈："我当时真的很爱你，真的是想和你同生共死，我没有骗你！"

真与假，无恒定。所谓的"假作真时真亦假"，人生在世，本就是在真真假假、迷迷糊糊中度过。如果你有佛的智慧，可以看透自己的来路去途，可以明了自己的生辰死日，可以观视你将遇未遇的一切人一切事，生命，于你还有意义吗？活着的滋味，将比白开水更寡淡。

正因为人生中虚实难料、前程未卜，正因为人际交往中真假交错、爱恨更替，我们才会充满探究的兴致、追寻的意趣。在跌宕起伏间感受惊心动魄，才会在得到真情时倍加珍惜，博取成功时激情难抑。假设好坏成败早已注定，早已明晰，你的心即便不是进入漫长的冬眠期，也会变得迟钝，失去活力。

当年的真，在四季轮回中渐渐磨损淡忘，今日的真，又如何发誓不让它随风幻化？文字的真，透析出心灵的孤郁愁闷，当你安慰的语言滔滔不绝倾泻于荧屏时，怎能获知那是一个真正需要输血需要温暖的灵魂？为人者，只可保证此一刻，我确实真心真意呵护你、关爱你。不要赌注于未来和他人，不要过于自信于自己的恒心和认知。对于许多事物——特别是虚拟情感的追根究底，到头来，受伤的一定会是你自己！

人生，因过程而精彩；生命，因感觉而真实。

怀抱希望，消除不安

希望，是引爆生命潜能的导火索，是激发生命激情的催化剂。一个人，只要活着，就有希望。只要抱有希望，生命便不会枯竭。

据说在沙漠中远行，最可怕的不是眼前的一片荒凉，而是心中没有一壶清凉的希望。

在茫茫无垠的沙漠中，有一支探险队在负重跋涉。

沙漠中阳光很强烈，干燥的风沙漫天飞舞，而口渴如焚的队员们没有了水。

当队员们失望地准备把生命交付给这茫茫戈壁时，探险队的队长从腰间拿出一只水壶。说："这里还有一壶水。但穿越沙漠前，谁也不能喝。"

水壶从队员们的手里依次传递开来，沉沉的，一种充满生机的幸福和喜悦在每个队员濒临绝望的脸上弥漫开来。

终于，探险队员们一步步挣脱了死亡线，顽强地穿越了茫茫沙漠。当他们相拥着为成功喜极而泣的时候，突然想到了那壶给了他们精神和信念以支撑的水。

拧开壶盖，汩汩流出的却是满满一壶沙。

无论生命处于何种境地，只要心中藏着一片清凉，生命自会有一个诗意的栖息地。

人生最宝贵的财富之一便是希望，所以罗素说："从感情上讲，未来比过去更重要，甚至比现在还重要。"

古希腊提坦神普罗米修斯为人间盗取了天火之后，众神之王宙斯不仅严惩了普罗米修斯，还决定向人类进行报复。他让美女潘多拉带着一个宝盒来到人间，当这个宝盒被潘多拉打开时，有数不清的祸害从里面飞了出来，布满尘世，而盒盖重新盖起来时，里面就剩下一件东西，那就是"希望"。

在这个世界上，有许多事情我们无法预料，每天给自己一个希望，我们就有勇气和力量面对生活的种种不幸。

我们不能控制机遇，却可以掌握自己；我们无法预知未来，却可以把握现在；我们不知道自己的生命到底有多长，却可以安排当下的生活；我们左右不了变化无常的天气，却可以调整自己的心情。只要活着，就有希望，只要每天给自己一点希望，我们的人生就一定不会失色。

不要为难自己

生命中有很多事是我们一下子做不到的，当我们做不到的时候就不要去为难自己。

不要为难自己，做人本来就很难，干吗还要为难自己？人生中有很多相似的事情发生，明知别人做错了事情，非得要人承认——是过；被人骂了一句，花无数时间难过——是过；为一件事情发火，不惜时间和血本，只为报复——是过；失去一个人的感情，明知一切无法挽回，却花上好几年为之伤心——是过。不要拿别人的错误来惩罚自己。

我们也总是在尽力做好每一件事情，却往往得不到别人的认可，或者不能取得成功。为此，我们十分苦恼。其实，与其越做越糟，不如洒脱地放弃。前方总是会有更好的风景在等待着我们去欣赏，何必为眼前的暗淡境遇而延误生命的美丽呢？

只要你做好应该做的事情，就是值得称赞的。在生命结束的时候，一个人如能问心无愧地说："我已经尽了最大的努力。"那么他就此生无悔了。

"金无足赤，人无完人"，我们都应该认识到自己的不完美。全世界最出色的足球选手，十次传球，也有四次失误；最出色的篮球选手，投篮的命中率，也只有五成；最精明的股票投资专家，买五种股票也有马失前蹄的时候。既然连最优秀的人做自己最擅长的事都不能尽善尽美，我们的失误肯定会更多。这就是说，我们绝不可能使每个人都满意。每个人都会有他个人的感觉，都会根据自己的想法来看待世界。所以，不要试图让所有的人都对你满意，否则你将永远也得不到快乐。

从前有一位画家，想画出一幅人人见了都喜欢的画。经过几个月的辛苦工作，他把画好的作品拿到市场上去，在画旁放了一支笔，并附上一则说明：亲爱的朋友，如果你认为这幅画哪里有欠佳之笔，请赐教，并在画中标上记号。

晚上，画家取回画时，发现整个画面都涂满了记号——没有一笔一画不被指责。画家心中十分不快，对这次尝试深感失望。

第二天，画家决定换一种方法再去试试，于是他又摹了一张同样的画拿到市场上展出。可这一次，他要求每位观赏者将其最为欣赏的妙笔标上记号。结果是，一切曾被指责的笔画，如今却都换上了赞美的标记。

最后，画家不无感慨地说："我现在终于明白了，无论自己做什么，只要使一部分人满意就足够了。因为，在有些人看来是丑的东西，在另一些人眼里则恰恰是美好的。"

现实生活中我们也常常遇见类似的事情。当某人做了一件善事，引起身边同事们的注意时，会听到各种截然不同的评论。张三说你做得好，大公无私；李四说你野心勃勃，一心想往上爬；上司赞你有爱心，值得表扬；下属则说你在进行个人宣传……总之，各种各样的议论，有的如同飞絮，有的好似利箭，一一迎面扑来。怎么办呢？最好的办法就是抱着"有则改之，无则加勉"的态度。

别人说的，让人去说；别人做的，让人去做。嘴巴长在人家脸上，你想控制也控制不了。然而，绝不要被人家的评论牵住自己，更不要因别人的言语而苦恼。记住，自己就是自己，自己才是自己的主人！

在一个人的生活圈中，起码有一半的人不赞成你所说的那些事情。因此，无论你什么时候发表意见，你总是会有50%的机会，也总是要面对一些反对意见。

明白了这一道理后，当有人不同意你所说的某些事情时，你不要觉得自己受到了伤害，也不要立即改变你的意见以便赢得赞誉之词；相反，你应该提醒自己，没有人会是十全十美的，让每个人都满意的。如果你知道了这一点，也就知道了走出绝望的捷径。

现在许多人的通病就是不了解自己。他们往往在还没有衡量清楚自己的能力、兴趣之前，便一头栽进一个好高骛远的目标里，每天享受着辛苦和疲惫的折磨。他们希望获得他人的掌声和赞美，博得他人的羡慕，为此，便将自己推向完美的边界，做什么事都要尽善尽美。久而久之，他们的生活就变成了负担和苦闷，而不是充实和享受了。

人贵在了解自己。根据自己的能力去做事，才能拥有真正的喜悦。不管什么时候，你不必刻意去要求自己，不要以为自己的步伐太小太慢，重要的是每一步都能踏得稳。

寻找快乐，拥抱好心情

寻找快乐是一种人生的态度，而去追求快乐才是幸福人生的终极目的。你有一颗乐观积极的心，黑暗也自然会有它的美丽！

我们都希望天天拥有一份好心情，但在实际生活中，我们却常常被坏心情笼罩。

失恋、被老板炒鱿鱼、生意失败、没评上职称、与邻居吵架……这些都会使我们变得郁郁寡欢。有时一件鸡毛蒜皮的小事，也会立刻击垮我们，让我们眉头不展。

我们想拥有好心情，就得从烦恼的死胡同中走出来。好好审视清楚，看看哪些是重要的内容，把它留下来，设法解决；哪些是垃圾，是给自己制造困扰的想法，要狠下心来，把它抛开，这样就能学会放下、学会割舍。

谈到放下与割舍，在《星云禅话》中有这样一个故事：有一个人，一不小心掉落山谷，情急之下抓住崖壁下的树枝，上下不得，他祈求佛陀的救助。这时佛陀真的出现了，并伸出手过来接他，说："现在你把抓住树枝的手松开。"但是这个人却不肯松手，他想：把手一松，势必掉到万丈深渊，粉身碎骨。这时他反而更抓紧树枝，不肯松开。这样一位执迷不悟的人，佛陀也救不了他。

拥有坏心情的人就是抓住某个念头不肯松手，却还要寻找新的机会，所以总让自己深陷绝境。

其实，人只要肯换个想法，调整一下态度，就能让自己获得另一种心境。事情就是这样，从不同的角度去看，就会得出不同的结论。快乐与悲观同时存在，关键看你是去寻找快乐还是寻找悲观。现实是客观的，而人生是主观的，快乐和痛苦的钥匙都掌握在自己手中。

有个女人习惯每天愁眉苦脸，一件小事就能引起她的不安、紧张。孩子的成绩不好会令她一整天忧心，先生几句无心的话会让她黯然神伤。她说："几乎每一件事情，都会在我的心中盘踞很久，造成坏心情，影响生活和工作。"

一天，她必须去参加一个重要的会议。临出门时她见镜中的自己竟是满脸的愁容，无论她如何去试着微笑，都显得很不自然。

无奈之中，她打电话向朋友诉说这个苦恼。朋友告诉她："把令你沮丧的事放下，想着自己是快乐的人，你就会真的快乐起来。但你的快乐必须是发自内心的。"她照着去做了。当天晚上，她又给朋友打了个电话："我成功地参加了这次会议，争取到了新的工作。我没想到怀着好心情，坏心情自然就会消失。"

人要懂得改变情绪，才能改变思想和行为。思想改变了，好事也就跟着来了。

学会享受属于自己的幸福

一个人最难能可贵的是，明白自己追求的是什么，然后正确作出自己的选择，并且优雅地享受自己的幸福。从这个意义上讲，幸福其实跟别人、跟某些物质条件，并没有必然的联系，重要的是，当它植根于人们心里的时候，你还是否能唱出自己的歌。

住豪华别墅，开高级轿车，穿名牌时装，吃山珍海味……在许多人的心目中，这才是幸福生活的标准。他们生活于人世，却无法给自己的幸福找一个合理的定位。他们总是用别人的标准来衡量自己的生活，别人做什么他们都觉得是对的，别人追求什么他们也追求什么，以为自己的幸福有一天也会如约而至。

人的惯性思维是"他有什么，我也应该有"，"他因为有过这些东西，所以比我幸福"，而从来不去思考：他真的幸福吗？我们不是别人的复本，我们是一个独一无二的自己。即使我们有一天变得高贵、变得有钱，我们也还是自己。人最大的悲哀就是身陷别人给自己设定的模式，顺从地度过一生。

有钱会使物质生活优越，这是不争的事实。但有了钱不一定就有了幸福，更重要的是人家的幸福未必就是你的幸福。放弃自己的追求，追随别人的足迹，就会偏离自己的人生轨道。我们可以追求钱，但是幸福生活的标准本身并不是由那些富人们定出的。钱本身并没有错，错的是我们的态度。也许我们终生都不能大富大贵，但这并不意味着我们在自己平凡的生活中找不到幸福，找不到健康的活法、充满活力的心、相亲相爱的家人、志同道合的朋友。

许多时候，人们往往对自己的幸福熟视无睹，而觉得别人的幸福很耀眼。想不到别人的幸福也许对自己不合适，更想不到别人的幸福也许是自己的坟墓。其实，合适的才是最好的。

这个世界多姿多彩，每个人都有属于自己的位置，有自己的生活方式，有自己的幸福，何必去羡慕别人？安心享受自己的生活，享受自己的幸福，才是快乐之道。

每个人都会用自己独特的方式演绎人生，其中有得到亦有失去，每一份收获都必须有所付出，这种付出与得到的交换是否值得，是否能给自己带来幸福，每个人都有他自己的标准。

金钱固然可以买到许多东西，但不一定能买到真正的幸福。我们看看有的大款，守着一堆花花绿绿的票子，守着一栋豪华的洋房，守着一位貌合神离的天仙，未必就能咀嚼出人生的真正趣味。幸福不幸福同样也不能用手中的"权"来衡量。有了权，未必就能天天开心。我们常常看见有些人，为了保住自己的"乌纱帽"，处处阿谀奉承，事事言听计从，失去了做人的自由，哪里还有什么真正的幸福！

一个人无论地位高低贵贱、贫富美丑，最难能可贵的是明白自己追求的是什么，过着自己的生活，享受自己的幸福。这些幸福是自己的标准，就在自己身边，而不是来源于他人。

第四章

气定神闲，别怨天尤人

生活中，一个无法回避的事实是，每一个人的能耐总是十分有限，没有哪个人样样精通，所以，你没有必要怨天尤人、自卑自贱，这些只能让你迷失自我，让你的情绪走进伤心的死胡同。

无法改变事实，那就改变心情

倘若我们无法改变面前的事实，那我们为什么不去改变我们的心情呢?

不自信的人喜欢怨天尤人，认为别人的运气总比自己好。自己之所以不顺心，原因全在没有运气，或在他人没有全力支持，根本不从自己身上找根源。

喜欢怨天尤人的人，总有他的理直气壮之处。工作升迁的机会被别人抢去了，他会抱怨领导没有识人之才，真是有眼无珠；事业关键的时候，突然身体生病了，他会抱怨老天爷怎么这样惩罚我；女友离他而去的时候，他会抱怨这个女人真是水性杨花，从来不问自己是不是也有责任；朋友很长时间不联系了，他会抱怨："该死的，是不是把我给忘了?"

习惯埋怨和责备他人的人自感无能，于是设法贬低他人来抬高自己。怨天尤人到极处就是愤世嫉俗。但愤世嫉俗不但不为别人喜欢，甚至也会使你不再爱自己。此种态度的养成，多半是因你在某处失败了而找个理由来弥补。例如你对婚姻不忠实，却把责任推到对方身上；你在商业上不能坚持操守，却硬说这世界本来就是个自相残杀的地方，根本没有老实人。愤世嫉俗不但会使你的行为脱离正轨，更糟的是，你还会用它来掩饰自己的过错。如果你每次都对外在的一切嗤之以鼻，你就会更相信所有的人——包括你自己——做什么事都令人失望。

生活中，任何一个微小的不如意，都值得其抱怨一场，整天跟个怨妇似的，跟这样的人生活在一起，简直是一种折磨。而自信又有朝气的人，面对生活的不幸则完全是另一种态度。

有一个女性朋友，失业、离婚，之后又得了子宫肌瘤做了大手术，但你从她的脸上看不到任何怨气。她总是一脸阳光，灿烂的笑让人以为她是那种春风得意的女子。

她就这样微笑着渡过了人生中的一个又一个难关。下岗了，她没有哭丧着脸怨天尤人，而是坚强地接受命运的挑战，她很快自己开了一间美容院，不仅把许多女人变得更美丽，也把自己打扮得很时尚。离婚了，她也没和许多人诉说，她说，当一个祥林嫂似的人物只能让人更加可怜。更让人想不到的是，她居然说婚姻的裂缝绝对不是一个人撕开的，想必她自己也有责任。很快，她找到了自己的新爱情。即使做了那样大的一个手术，她亦是很坦然地说："这下，我感觉到了生命的美好，所以，必将更加珍惜每一天。"

请相信，被称作"运气"的东西，是公平地分配给我们每一个人的，我们每一个人都在为自己创造运气。假如你认为自己的运气不好，是因为你努力的方法不对。

现实与理想有时相距甚远，当我们的宏伟目标被残酷现实击穿的时候，不要唉声叹气，不要怨天尤人，更不要就此沉沦，而要笑对人生，笑对生命，只争朝夕，奋发图强，改变轨迹接着再来。只有这样，展现在自己面前的才是一派山清水秀、桃红柳绿的景观。诚然，生命对于我们每个人都只有一次，每个人都在其中不停地耕耘，不停地收获。然而，付出与收获也并不是不变的正比关系，不要看重付出，也无须奢求收获，付出并不意味着失去，收获也并不表明得到，重要在于过程，在于你如何自豪地充实每一天、每一个过程，而这个过程不正是一个很好的圆吗？我们的一生本身就是一个圆，从出生开始就意味着要以死亡收尾，留在世上的也只是我们所走过的路程。在这纷繁的尘世中能够在这里留下点滴痕迹，也不枉在这人世间走一回。

朋友，生命既然赋予了我们如此美好的世界，它的意义、它的本质也许就是需要我们鼓足勇气，勇敢地走上那条属于自己的人生之路！让我们在漫漫的人生征途上，永远笑对生命！

不要唠叨，唠叨的人不受欢迎

没有哪个人会欣赏一个唠叨不休的人，也没有哪个人会尊重爱唠叨的人的意见。即使是爱唠叨的人自己，也一般不会喜欢另一个唠叨的人，因为唠叨的人一般只想自己发言，而根本不想做一个听众。

唠叨本就是不自信的表现。人们因为感到孤独、感到不满、感到自己不被人爱不被人赞赏，所以会唠唠叨叨说个不停，以给自己安慰或引起他人的注意。而自信的人是永远不会与唠叨结缘的。

不信你看，在工作中感到快乐和充实的人很少在家里唠叨。这些人没有时间和精力去唠叨，他们的注意力集中在工作上，因为在工作中他们可以获得很多的赞赏、奖励和建议。如果他们的同事不完成办公室杂务的话，他们或者花钱请别人来做，或者忽视这些杂务，或者重新找一个愿意做这些杂务的同事。无论采取什么措施，他们都会以一种强有力的姿态处理这类事情。

吴女士结婚一年，每天一下班就忙于回家做饭，可以说一心扑在家里。可不知为什么，她与老公的关系越来越紧张，新婚时家庭中的温馨气氛也没有了。为什么呢？吴女士非常苦恼。对此，吴女士的丈夫说："我工作一天感觉很累，想赶快回家坐在沙发上喝杯茶，忘掉一天工作中烦人的事。没想到一回家我妻子就唠叨上了：你总是空手回来，也不顺便买点菜，就知道张口吃……本来我就事多心烦，回到家里本想温馨的家庭气氛能驱散我工作中的烦恼，没想到我妻子的一番唠叨使我愁上加愁，心情急剧恶化。于是我就和她吵起来，造成双方情绪都不好，这样的情况一次两次我能够理解她，可我妻子总是这样唠唠叨叨的，一点没有我理想中的柔情，我对此事也十分苦恼。"

这就是唠叨女人的悲哀，她们在不知不觉中让男人抓狂。的确，一个爱唠叨的女人，对整个家庭来说都是噩梦。男人回到家里，便陷入毫无头绪的抱怨和呻吟中，这时他最想做的，就是冲出家门去。也不要指望孩子们会忍受你的唠叨，就算他们真的很爱你，但是大量的荷尔蒙会使他们做出更让你伤心的反应来。

让人不可思议的是：爱唠叨的人对现实总有很多的不满，他们抱怨收入不高，抱怨孩子不听话，抱怨单位不如意，抱怨社会福利少……当然仅仅是抱怨而已，无意或者自觉也无力去改变什么。和他们在一起，任何人都会沮丧、郁闷，觉得生活没乐趣，时间过得太慢。

爱唠叨的人，忧愁忧郁时唠叨，得意得志也唠叨，唠叨是他的一种自我宣泄、自我慰藉，也是一种心理需要和生理需要。然而，无休无止的唠叨会把听者的耐心消耗殆尽，并且累积起一种憎恶。世界各地的人都把唠叨列在最讨厌的事情之首。

尤其是上了一些年岁的女人。青春的流逝让她们备感伤感与无奈。同时，在生活工作中力不从心的感觉也让她们焦躁。偏偏她们的苦恼又得不到别人的理解，比如挣扎在社会夹缝里的丈夫和正处于叛逆期的子女。在这种情况下，她们只有通过不断地重复自己的观点来吸引人们的注意，直至这种方式成为一种习惯。

如果一群唠叨的女人聚在一起，天啊，那简直就是世界末日。每个人都在抱怨，每个人都在诅咒，每个人说话都前言不搭后语，还伴随着尖叫、狂笑……如果上帝没有戴着耳塞的话，恐怕他也要跳楼了。

所以我们不得不时时警醒自己，永远不要做一个唠叨的人，因为唠叨并不能让你更受关注。如果把唠叨的时间花在其他有益的事情上，也许你可以有意外的收获。

几种改变唠叨毛病的建议：

第一，不要重复你的要求。把你的期望讲一遍就打住，然后就忘掉它。

第二，培养幽默感。幽默感是好心情的源泉。

第三，尽量采用亲切温和的方式去请求，而不是喊叫。人们都喜欢被人请求，而不是命令。

第四，要以宽容的心态对待生活中的小事，别为小事抓狂。

第五，保持冷静清醒的头脑。时刻提醒自己：唠叨除了让别人讨厌以外，什么作用也没有。

第六，做自己喜欢做的事。

请记住，自信的人是不会与唠叨为伍的，他们总能以饱满的激情化解生活当中的困境。

丢掉冷漠，除去心墙

心墙不除，人心会因为缺少氧气而枯萎，人会变得忧郁、孤寂。爱是医治心灵创伤的良药，爱是心灵得以健康成长的沃土。

在当今社会里，人们每天的大部分时间都在钢筋混凝土筑成的独立空间中，偶尔与外界的沟通也是通过电话、电子邮件来完成。虽然身处闹市，人们的心却由一道无形的心墙尘封起来，因为缺少爱的滋润，心变得越来越冷漠、孤独，以致扭曲变形。

一位建筑大师阅历丰富，一生杰作无数，但他自感最大的遗憾就是把城市空间分割得支离破碎，而楼房之间的绝对独立则加速了都市人情的冷漠。大师准备过完65岁寿辰就封笔，而在封笔之作中，他想打破传统的设计理念，设计一条让住户交流和交往的通道，使人们之间不再隔离而充满大家庭般的欢乐与温馨。

一位颇具胆识和超前意识的房地产商很赞同他的观点，出巨资请他设计。图纸出来后，果然受到业界、媒体和学术界的一致好评。

然而，等大师的杰作变为现实后，市场反应却非常冷漠，乃至创出了楼市新低。

房地产商急了，急忙进行市场调研。调研结果出来后，让人大跌眼镜：人们不肯掏钱买这种房的原因竟然是嫌这样的设计使邻里之间交往多了，不利于处理相互间的关系；在这样的环境里活动空间大，孩子们却不好看管；还有，空间一大，人员复杂，对防盗之类人人担心的事十分不利……

大师没想到自己的封笔之作会落得如此下场，心中哀痛万分。他决定从此隐居乡下，再不出山。临行前，他感慨地说："我只认识图纸不认识人，是我一生最大的败笔。"其实这怎么能怪大师呢，我们可以拆除隔开空间的砖墙，谁又能拆除人与人之间厚厚的心墙呢？

心墙不除，爱便难以产生。爱，以和谐为轴心，照射出温馨、甜美和幸福。爱把宽容、温暖和幸福带给了亲人、朋友、家庭、社会和人类。无爱的社会太冰冷，无爱的荒原太寂寞。爱能打破冷漠，让尘封已久的心重新温暖起来。

在与人交往时，将你的心窗打开，不要吝啬心中的爱，因为只有爱人者才会被爱。你会获得许多关于爱的美丽传说，当你陷入困境时，你会得到许多充满爱心的关怀和帮助。

人活在世界上，最重要的不是被爱，而是要有爱人的能力。如果不懂得爱人，又如何能被人所爱呢？朋友，丢掉你的冷漠，打开你尘封的心，释放心中的爱吧，你的生命会因爱而更精彩。

太清闲是一种病态

生活中经常听到有人抱怨工作太辛苦，希望自己能有朝一日抓彩票中头奖，一下子成为百万富翁，那样的话就可以整天不愁吃穿，啥也不干，那该多快乐啊！其实不然，过于清闲未必就能快乐，却是有可能"太闲生恶业"。

有这样一则故事：

有一个人死后，在去阎罗殿的路上，看见一座金碧辉煌的宫殿。宫殿的主人请求他留下来居住。

这个人说："我在人世间辛辛苦苦地忙碌了一辈子，我现在只想吃，只想睡，我讨厌工作。"

宫殿的主人答道："若是这样，那么世界上再也没有比我这里更适合你居住的了。我这里有山珍海味，你想吃什么就吃什么，不会有人来阻止你；我这里有舒服的床铺，你想睡多久就睡多久，不会有人来打扰你；而且，我保证没有任何事情需要你做。"

于是，这个人就住了下来。

开始的一段日子，这个人吃了睡，睡了吃，感到非常快乐。渐渐地，他觉得有点寂寞和空虚，于是他就去见宫殿的主人，抱怨道："这种每天吃吃睡睡的日子过久了也没有意思。我现在对这种生活已经提不起一点兴趣了。你能否为我找一份工作？"

宫殿的主人答道："对不起，我们这里从来就不曾有过工作。"

又过了几个月，这个人实在忍不住了，又去见宫殿的主人："这种日子我实在受不了了。如果你不给我工作，我宁愿去下地狱，也不要再住在这里了。"

宫殿的主人轻蔑地笑了："你以为这里是天堂吗？这里本来就是地狱啊！"安于过清闲的生活原来也是如此可怕，原来也是一种地狱！它虽然没有刀山火海，没有油锅，可它能够腐蚀人的心灵，能够让人陷入悲伤的海洋。正如诗人荷马所说："太多的休息，本身成了一种病态。"

什么叫闲？闲有身闲，有心闲。身闲是身体不忙碌，心闲则是心中无事。闲适本来是一种难得的境界，坐在院中的桂花树下，人生能得闲适的时光，十分不容易。工作之余，坐在院中一边欣赏月色，一边和家人谈论着生活琐事，能让人忘却生活中的忙碌，放下心中的名利，自有一番闲适的天地。但是，若人生没有追求，生活没有目标，只过闲逸的日子，反而让人受不了，反而有害。心中追逐名利，万念难平，而外在的身体又无事可做，那么这种身闲心不闲的日子也许会生出种种邪念。能做到心闲而身不闲的人并不多，人们大部分追求的都是物欲之乐。许多罪恶都是从玩乐中产生的，过度的玩乐，易使人迷失自我。人生如朝露，何妨善用闲暇，使它变成我们生命中最美好的时光？

最好的活法应该是将为生活而忙碌与对生命闲适的追求合而为一，似忙而闲，闲中有忙。闲散无事时，不断发奋自强；奔波忙碌中，不失闲适雅趣。

没有绝望的处境，只有绝望的人

一位经商的朋友因为信息不准而赔了个底儿朝天，大家都劝他积蓄力量，等待时机东山再起，可他却整日借酒浇愁，痛不欲生，绝望到了极点。为了劝他早日从绝望中醒来，我给他讲了这样一个故事：

有个年轻人，有一天，因心情不好，他走出家门，漫无目的地到处闲逛，不知不觉间来到了森林深处。在这里他听到了婉转的鸟鸣，看到了美丽的花草，他的心情渐渐好转，他徜徉林间，感受着生命的美好与幸福。忽然，他的身边响起了呼呼的风声，他回头一看，吓得魂飞魄散，原来是一只凶恶的老虎正张牙舞爪地扑过来。他拔腿就跑，跑到一棵大树下，看到树下有个大窟窿，一棵粗大的树藤从树上深入到窟窿里面，他几乎不假思索地抓住树藤就滑了下去，他想，这里也许是最安全的，能躲过劫难。

他松了口气，双手紧紧地抓住树藤，侧耳倾听外边的动静，并时不时地伸出头去看看。那只老虎在四周踱来踱去，久久不肯离去。年轻人悬着的心又紧张起来，他不安地抬起头来，这一看又叫他吃了一惊，一只坚牙利齿的松鼠在不停地咬着树藤，树藤虽然粗大，可经得住松鼠咬多久呢？他下意识地低头看洞底，真是不得了！洞底盘着四条大蛇，一齐瞪着眼睛，嘴里吐着长长的信子。恐惧感从四面八方袭来，他悲观透了。爬出去有老虎，跳下去有毒蛇，上不得，也下不得，想这么不上也不下吧，却有那只松鼠在咬树藤，他甚至已经听到了树藤被咬之处"咯巴咯巴"欲断未断的响声。

年轻人想：悬挂不动已不可能，树藤已不让你悬了；跳下去也绝无生路，那是个死胡同，连逃的地方都没有；可是外面呢，有可怕的老虎，但也有鸟鸣，有花香。年轻人想，难道这就是人生的宿命？冥冥之中，他听到一个声音在喊："别怕，跑吧。"于是他不再作多余的考虑，一把一把向上攀登，他终于爬到了地面，看到那只老虎在树底下闭目养神（是的，苦难也有闭上眼睛的时候），他瞅住这个机会，拔腿狂奔，终于摆脱了老虎，安全回到了家。

朋友听过这个故事后若有所悟。

记得前几年热播的电视剧《渴望》的主题曲中唱道："生活，是一团麻，也有那解不开的小疙瘩；生活，是一条路，也有那数不尽的坑坑洼洼……"人生的大道不可能永远是坦途，困难、挫折，甚至是绝境都是在所难免的。绝境并不可怕，只要人不绝望，只要心中与困境斗争的勇气仍在，即使山穷水尽，也会有柳暗花明的时候。

绝望是心灵的毒药，它会吞噬一个人的意志，腐蚀一个人的斗志。哈尔西说："没有绝望的处境，只有对处境绝望的人。"世界上从来没有什么真正的"绝境"。无论黑夜多么漫长，朝阳总会冉冉升起；无论风雪多么肆虐，春风终会吹绿大地。冬天既然已经来临，春天还会远吗？

缺陷是另一种完美

如果你能够认识到自己生活在一个有缺陷的世界中，并不断地追求进步，不断地克服缺陷，不断地超越缺陷，那才能真正认识自己的生命价值。

我们常常抱怨自己时运不济，觉得自己不能脱颖而出。把眼光低下来，看看自己的平庸之处，甚至是有缺陷的部分——说不定在那里，我们也会发现那些一直深藏着而有价值的东西，所以根本没有必要为自身的缺陷而烦恼。沙里淘金，你自身的优势总是会被一点一点挖掘出来的。

无论缺陷是与生俱来的还是突然而至的，都不必心力交瘁地躲躲藏藏，也不必化作泰山压在心头，唯有面对缺陷，点燃希望，化作缕缕青烟，让它引导你到达成功的彼岸，那才是缺陷的归宿。

卡丝·黛莉颇有音乐天赋，然而她却长了一口龅牙。第一次上台演出的时候，为了掩饰自己的缺陷，她一直想方设法把上唇向下撇着，好盖住暴出的门牙，结果她的表情看起来十分好笑。

她下台后一位观众对她说："我看了你的表演，知道你想掩饰什么。其实这又有什么呢？龅牙并不可怕，尽管张开你的嘴好了，只要你自己不引以为耻，投入地表演，观众就会喜欢你。"

卡丝·黛莉接受了这个人的建议，不再去想那口牙齿。从那以后，她关心的只是听众，完全不去想她的龅牙，张大了嘴巴尽情歌唱，最后成为了一位非常优秀的歌手。

　　一口龅牙并没有给她带来任何不良影响，相反还成了她形象的一大特色。人们接受甚至喜欢上了她的龅牙，就像喜欢她的歌声一样。从某种意义上说，外露的牙齿和她的歌声一起，才构成了一个完整的卡丝·黛莉。

　　在生活中，很多人对一些缺陷不能正确地理解和认识，反而给以轻视甚至嘲讽。2005年央视电视台春节联欢晚会上，21个聋哑演员将舞蹈《千手观音》演绎得天衣无缝、美轮美奂，震撼了所有观众，在中央电视台的元宵晚会上，《千手观音》被评为"我最喜爱的春节晚会节目歌舞类一等奖"。由无声世界里的人们带来的舞蹈《千手观音》，引发了长久的赞誉和惊叹。这又说明了什么，这些聋哑演员用自己的行动证明，残疾并不意味着生活不完美，残缺也是一种美。

　　无论你存在哪种缺陷，无论你是否完美，当你处在人生的低谷，因自己某方面的缺陷而自卑时，不妨对自己说："相信自己明天就会有所作为！"因为，残缺并不是一种遗憾，而是一种耐人寻味的美。你会突破残缺的障碍，让你的生命谱写出更美妙的乐章。

战胜懦弱，你才会重生

懦弱者常常会品尝到悲剧的滋味。中国历史上南唐后主李煜性格懦弱，终于没能逃脱沦为亡国之君、饮鸩而死的悲惨命运。李煜虽然在诗词上极有造诣，然而作为一个国君、一个丈夫，他是一个懦夫，是一个失败者。

美国最伟大的推销员弗兰克说："如果你是懦夫，那你就是自己最大的敌人；如果你是勇士，那你就是自己最好的朋友。"对于胆怯而又犹豫不决的人来说，一切都是不可能的。事实上，总是担惊受怕的人，就不是一个自由的人，他总是被各种各样的恐惧、忧虑包围着，看不到前面的路，更看不到前方的风景。正如法国著名的文学家蒙田所说："谁害怕受苦，谁就已经因为害怕而在受苦了。"懦夫怕死，但其实，他早已经不再活着了。

世上没有任何绝对的事情，懦夫并不注定永远懦弱，只要他鼓起勇气，大胆地向困难和逆境宣战，并付诸行动，就会慢慢成为勇士。正像鲁迅所说："愿中国青年都摆脱冷气，只是向上走，不必听自暴自弃者说的话。能做事的做事，能发声的发声，有一分热发一分光，就像萤火一般，也可以在黑暗里发一点光，不必等待炬火。"

人生在世，最可恨的就是胆小地过一辈子。可人有时却生性懦弱，毫无冒险之心，这无疑是不能成功的一大原因。上天既然让我们降生于世，我们就应当承担起我们作为人的责任和义务，书写那一个大大的

"人"字。

著名的桥梁专家茅以升的家乡，坐落在古老的秦淮河边，河上有一座文德桥，每年端午节，河两岸的人就聚在桥上，观看龙舟比赛。在茅以升11岁那年，快到端午节了，他每天都跑到秦淮河边，想象着桥下龙舟飞舞、人声鼎沸的场景。

可是，端午节那天，他偏偏生病了，母亲说什么也不让他出门。正在他憋闷得难受的时候，听到从河岸方向传来好多人的号哭声，一会儿，几个小伙伴大惊失色地跑来："不好了，看龙舟比赛的人太多了，把文德桥压塌了，伤了好多人呢。"一场热闹的龙舟比赛，成了一场桥塌人亡的灾难。

这件事对茅以升刺激很大。他病好后，站在塌了的文德桥旁，大声地向同伴宣布："我长大了，一定要造一座又高又结实的大桥，绝不能再发生这种桥塌人亡的事故！"然而，除了惹来同伴的一阵哄笑之外，他什么也没获得。但是茅以升并不在意，而是把自己的誓言深深地烙在脑中。

从那天起，茅以升真的琢磨起造桥的事情来。只要他出门看到桥，总要爬上爬下地看个究竟，不管石桥还是木桥，从桥面到桥墩、桥桩，他都要仔仔细细地琢磨几遍。特别是当他看到满载货物的车辆和匆忙赶路的行人借助一道道桥梁跨过水深流急的江河时，更是激动不已。他希望：有一天，自己能亲手设计一座大桥，来为人们造福。

茅以升一见到有关桥梁的图画和照片就珍藏起来，他还将古诗词和古散文中描绘桥梁的诗句、段落，摘记在本子上，汇集在一起，作为珍贵的资料来保存。

茅以升还懂得，要实现造桥的理想，就要学好各门课程，因此，他学习非常刻苦努力。他为了锻炼自己的记忆力，经常练习背诵圆周率小数点后面的位数，经过一段时间的练习，他竟能把圆周率小数点后面一百位数字一字不差地背诵下来。他还经常到河边去背诵古诗文，来培养自己的毅力。尽管河边人声嘈杂，景色气象万千，他也不受一丝干扰，专心致志地学习，如入无人之境。

1917年，茅以升在美国纽约的康奈尔大学取得硕士学位，拒绝了学校的聘请，毅然回国，最后终于实现了为人民造桥的理想。

大家可能都有过这样的经验：打牌时，如果你握着一手好牌，你就可以一边嗑着瓜子，一边得意洋洋地看着牌桌上另外几个人愁眉苦脸地盯着自己手中的牌，可往往这个时候，你输的可能性比较大。但是如果你握着一手普普通通或者是奇差无比的牌，你可能就会充分利用计谋，竭尽所能，将手中的牌发挥出最大的功效，那么很多时候你就可以成功，而握有一手好牌的人可能就是你的手下败将。

人生最大的幸福不在于拿着一手好牌赢得胜利，而在于能将一把普通的牌打好。如愿以偿固然令人欣喜，然而在奋斗的过程中，眼看着自己一步一步离目的地更近，这一点一点聚集起来的喜悦才最为动人。

所有人的成功，都是自我品质提升的结果，而其动力都是心中那股不服输不认命的信念。信念是一种能激发起大量灵感的神奇力量，是一种促使人们完成伟大事业的力量。信念支撑你走向胜利。信念的力量在于即使身处逆境，也能帮助你扬起前进的风帆；信念的伟大在于即使遭遇不幸，也能召唤你鼓起生活的勇气。

"我一定行！"这是成功人士的成功宣言，他们或许出自最贫困的家庭，或许有着不为人知的辛酸童年，或许当初也曾有过懦弱的一面，但最终成功的人都是一群用超然的自信和不服输的精神坚持梦想的人。

第四章 气定神闲，别怨天尤人

第五章

别让小事影响了你的心情

别为小事生气，对待一些委屈和难堪的遭遇，在内心转变成另一种心情，以健康积极的态度去化解这一切。如果能从中得到更大的益处，不也是另一种收获吗？

发怒的总是小器量的人

面对各种机会、诱惑、困境、烦恼的时候，要想把握自己，就必须控制自己的思想，必须对思想中产生的各种情绪保持着警觉性，并且视其对心态的影响好坏而接受或拒绝。乐观会增强你的信心和弹性，而仇恨会使你失去宽容和正义感。如果无法控制自己的情绪，将会因为不时的情绪冲动而受害。

情绪是人对事物的一种最浅、最直观、最不用脑筋的情感反应。它往往只从维护情感主体的自尊和利益出发，不对事物作复杂、深远和智谋的考虑，这样的结果，常使自己处在很不利的位置上或为他人所利用。本来，情感离智谋就已距离很远了，情绪更是情感的最表面部分，最浮躁部分，以情绪做事，怎么会有理智呢？不理智，能够有胜算吗？能不被别人占便宜吗？

但是我们在工作、生活、待人接物中，却常常依从情绪的摆布，头脑一发热（情绪上来了），什么蠢事都愿意做，什么蠢事都做得出来。比如，因一句无甚利害的话，我们便可能与人打斗，甚至拼命（诗人莱蒙托夫、诗人普希金与人决斗死亡，便是此类情绪所为）；又如，我们因别人给我们的一点假仁假义而心肠顿软，大犯根本性的错误（西楚霸王项羽在鸿门宴上耳软、心软，以至放走死敌刘邦，最终痛失天下，便是这种妇人心肠的情绪所为）。还可以举出很多因情绪的浮躁、简单、不理智等而犯的过错，大则失国失天下，小则误人误己误事。事后冷静下来，自己也会感到其实可以不必那样。这都是因为情绪的躁动和亢奋，蒙蔽了人的心智所致。

这些情绪实际上就是个人心态的反映，而这种心态有时将你作为完全掌控的对象。要想把握自己，你必须控制你的思想，你必须对思想中产生的各种情绪保持着警觉性，并且视其对心态的影响好坏而接受或拒绝。乐观会增强你的信心和弹性，而仇恨会使你失去宽容和正义感。如果你无法控制自己的情绪，你的一生将会因为不时的情绪冲动而受害。

楚汉之争时，项羽将刘邦的父亲五花大绑陈于阵前，并扬言要将刘公剁成肉泥，煮成肉羹而食。项羽意在以亲情刺激刘邦，让刘邦在父子之情、天伦的压力下，自缚投降。刘邦很有智慧，没有为情所蒙蔽，他的大感情战胜了个人私情，他的理智战胜了一时的情绪，他反以项羽曾和自己结为兄弟之由，认定己父就是项父，如果项某愿杀其父，剁成肉羹，他愿分享一杯。刘邦的超然心境和不凡举动，令项羽想不到，以至无策回应，只能潦草收回此招。

三国时，诸葛亮和司马懿在祁山交战，诸葛亮千里劳师欲速战决雌雄。司马懿更有本事，他以逸待劳，坚壁不出，欲空耗诸葛亮士气，然后伺机求胜。诸葛亮面对司马懿的闭门不战，无计可施，最后想出一招，送一套女装给司马懿，羞辱他如果不战乃小女子是也。古人很以男人自尊为重，尤其是军旅之中。如果是常人，定会接受不了此种羞辱。司马懿则另当别论，他落落大方地接受了女儿装，情绪并无影响，而且心态很好，还是坚壁不出，连老谋深算的诸葛亮也对他几乎无计可施了。

这都是战胜了自己情绪的例子。生活中，更多的人是成为了情绪的俘虏。诸葛亮七擒七纵孟获之战中，孟获便是一个深为情绪役使的人，他之不能胜于诸葛亮，非命也，实人力和心智不及也。诸葛亮大军压境，孟获弹丸之王，不思智谋应对，反以帝王自居，小视外敌，结果一战即败，完全不是对手。孟获一战既败，应该坐下慎思，再出敌招，却自认一时晦气，再战必胜。再战，当然又是一败涂地。如此几番，把个孟获气得浑身颤抖。又一次对阵，只见诸葛亮远远地坐着，摇着羽毛扇，身边并无军士战将，只有些文臣谋士之类。孟获不及深想，便纵马飞身上前，欲直取诸葛亮首级。可想，诸葛亮已将孟获气成什么样子了，也可想孟获已被一己情绪折腾成什么样子了。结果，诸葛亮的首级并非轻易可取，身前有个陷马坑，孟获眼看将及诸葛亮时，却连人带马坠入陷阱之中，又被诸葛亮生擒。孟获败给诸葛亮，除去其他各种客观原因，他生性爽直、缺乏脑筋、为情绪蒙蔽，当也是重要的因素。

情绪误人误事，不胜枚举。一般心性敏感的人、头脑简单的人、年轻的人，爱受情绪支配，头脑容易发热。问一问你自己，你爱头脑发热吗？你爱情绪冲动吗？检查一下你自己曾经因此做过哪些错事、哪些犯傻的事，以警示自己的未来。

记住，情绪成就一切。

如果你正在努力控制情绪的话，可准备一张图表，写下你每天体验并且控制情绪的次数，这种方法可使你了解情绪发作的频繁性和它的力量。一旦你发现刺激情绪的因素时，便可采取行动除掉这些因素，或把它们找出来充分利用。

将你追求成功的欲望，转变成一股强烈的执着意念，并且着手实现你的明确目标，这是使你学会情绪控制能力的两个基本要件，这两个基本要件之间，具有相辅相成的关系，当其中一个要件获得进展时，另一要件也会有所进展。

为小事动怒不值得

当我们集中精力追求自己的梦想时，生活中的烦恼便会大大减少，便不会再为小事抓狂，因为我们在自己梦想的追求中得到了自我价值的实现，就不在乎身边这些丁点的麻烦事了。

有一个人夜里做了个梦，在梦中，他看到一位头戴白帽，脚穿白鞋，腰佩黑剑的壮士，向他大声叱责，并向他的脸上吐口水，吓得他立即从梦中惊醒过来。次日，他闷闷不乐地对朋友说："我自小到大从未受过别人的侮辱，但昨夜梦里却被人辱骂并吐了口水，我心有不甘，一定要找出这个人来，否则我将一死了之。"于是，他每天一早起来，便站在人潮往来熙攘的十字路口，寻找梦中的敌人。几星期过去了，他仍然找不到这个人。结果，他竟自刎而死。

看到这个故事，你也许会嘲笑主人公的愚蠢，做梦乃是一件极其稀松平常的小事，做噩梦也是常有的事，怎么能为此而大动干戈呢？可生活中就是有许多人为小事抓狂，为一点小事而和别人闹翻脸，甚至大打出手，这样的例子每天在街上都能看到。

中国有句古话说："九层之台，起于累土，千里之堤，溃于蚁穴。"有的时候，事情虽小，但杀伤力却很强，小则破坏人的好心情，大则可以让人前功尽弃，甚至送命。历史上有多少大风大浪都过来了，却在阴沟里翻船的人的例子啊？今天不也正在上演一幕幕这样的悲剧吗？

在科罗拉州长山的山坡上，躺着一棵大树的残躯。据当地人讲，它曾有四百多年的历史。在它漫长的生命历程中，曾被闪电击中过14次，它都挺过来了，但在最后，它却在一小队甲虫的攻击下永远倒下了。那些甲虫从根部向里咬，一开始树还没有感觉，但却渐渐伤了树的元气。最后，这样一棵森林中的巨人，岁月不曾使它枯萎，闪电不曾将它击倒，狂风暴雨也没能把它摧毁，而小小的甲虫却让它永远地倒下了。

生活中有多少这样的例子，能勇敢地面对生活中的艰难险阻，却被小事搞得灰头土脸、垂头丧气。家务事虽小，再大的清官却也断不清。其实并非清官无能，这正是他们的高明之处。亲人之间为一点点小事而反目成仇实在是不应该，为何要给他们分个谁是谁非呢？就让他们糊涂到底吧，这样反而比分清谁是谁非更好。

别为小事抓狂，对待一些委屈和难堪的遭遇，在内心转变成另一种心情，以健康积极的态度去化解这一切。如果能从中得到更大的益处，不也是另一种收获吗？这不是比到处记恨别人，处处结下冤家强吗？有一则小故事说，有一个人经过一棵椰子树，一只猴子从上面丢了一个椰子下来，打中了他的头，这人摸了摸肿起来的头，然后把椰子捡起来，喝了椰子汁，吃了椰子肉，最后还用椰子壳做了个碗。

我们之所以对小事缺乏足够的承受能力，说明我们没有把精力放在更为重要的事情上，因此，面对生活中的烦恼，我们首先要问自己："这是我生活中至关重要的事情吗？为此花费时间与精力值得吗？"

适时发怒，还要懂得适可而止

虽然会发怒，但难以被激怒；适时发怒，但适可而止，这就是发怒的学问。最重要的是，在学习用发怒表示立场之前，先应该学会在人人都认为我们会发怒的时候能稳住自己，不发怒。

什么？发怒也要学习？

那当然了！生个气可没那么容易。

有一位刚退伍的学生说过一个笑话：一位团长满面通红地对脸色发白的营长发脾气；营长回去，又满面通红地对脸色发白的连长冒火；连长回到连上，再满脸通红地对脸色发白的排长训话⋯⋯

说到这儿，学生一笑："我不知道他们的怒火是真的还是假的。"

是真的，也是假的；当怒则怒，当服则服。

每次想到他说的画面，也让我想起电视上对日本企业的报道：职员们进入公司之后，不论才气多高，都由基层做起，也先学习服从上面的领导。在熙来攘往的街头，一个人直挺挺地站着，不管人们异样的眼光，大声呼喊各种"老师"规定的句子。

他们在学习忍耐，忍耐清苦与干扰，把个性磨平，将脸皮磨厚，然后——他们在可发怒的时候，以严厉的声音训部下；在别人发怒时，也以不断鞠躬的方式听训话。怪不得美国人常说："在谈判桌上，你无法激怒他们，所以很难占日本人的便宜。"

说穿了，怒是一件人生的必需品。如果你不怕我唠叨，我可以告诉你，相互依赖是我们最基本的需求，发怒也是一种相互依赖。生物学中有一个简单的原理，即人天生就有自助能力，所以儿童天生会生气，这是一种健康的表现，这是一种抗争或抗争反应。当父母对孩子不好或在情感上无意地忽视孩子时，孩子会用哭泣表示愤怒，但父母通常会压抑孩子合理的愤怒。父母不应该要求完美，应给予所有孩子表示生气的机会。对愤怒的压抑比创伤危害更大。像催眠曲中"噢，宝宝不要哭"这样的句子对父母倒很实用，而对孩子却没有益处。也许父母像孩子一样，不得不压抑愤怒，从愤怒中恢复平和心态对父母也同样适用。人们相互之间应形成相互依赖的关系，这种关系是孩提时代所形成的依赖关系的再现，是在无意识的情况下为了宣泄受压抑的愤怒和忧伤而形成的。我们当中许多人寻找过伙伴、雇主和朋友，他们使我们回忆起我们和父母的关系，而这些关系并不能让我们感到愉快。

最糟时期过后，正常情绪得以恢复。最终得到持续的快乐，这种快乐不是一时的"情绪高涨"，而是定义为远离焦虑和沮丧，之后，我们又重新得到爱和被爱的能力。

积极的、具有攻击性生气情绪的人通常会吹毛求疵，而且不能被拒绝，所以和这样的人相处时，就如同走在蛋壳上一样。这种行为在很多时候是一种自我保护方式，使他们在面对批评和拒绝时不会感到痛苦。说白了，就是要面子。理智与情绪的争战也往往由此而生。是怒火压倒理性，还是理智更胜一筹，全由你自己做主。

发怒之前先想清楚

　　不会愤怒的人是庸人，只会愤怒的人是蠢人，能够控制自己情绪、做到尽量不发怒的人是聪明人。

　　心若改变，你的态度跟着改变；态度改变，你的习惯跟着改变；习惯改变，你的性格跟着改变；性格改变，你的人生跟着改变。在顺境中感恩，在逆境中依旧心存喜乐，远离愤怒，认真、快乐地生活，怀着爱心，做大事情。

　　以前看过几次成人在街头打架，印象最深刻的是两个人刚动手，就听见有东西在地上滚的声音，循声望去，原来是两只断了表带的手表。也碰过人们在餐馆一言不合，大打出手，妙的是，这个狠狠给那个一拳，那人倒在椅子上，椅子咔嚓一声，就断成了三截。后来我常盯着自己的手表和椅子想：看起来这表带挺结实，我丢球、做体操，它都不会断；还有这椅子，两百磅的大胖子坐上去也不会垮，为什么打架的时候，那么不经用呢？我想出的答案是：它们都是为理智的人做的。再结实的东西，碰到不理智的动作，都变得脆弱无比。

　　问题是，人毕竟是人，是人就有情绪，有情绪就可能发怒。挪威首都的"维格兰雕刻公园"有数百尊雄伟壮观的雕塑仁立在中央走道的两侧。公园的中心点，则是耸入天际的名作——"生命之柱"。奇怪的是，旅客大多却围在一个不过三尺高的小铜像前。那是一个跺脚捶胸、号啕大哭的娃娃，公园里最著名的"怒婴像"。他高举着双手，提起一只脚，仿佛正要狠狠踢下去。虽然只是个铜像，却生动得好像能听到他的声音、感觉到他的颤抖。他是在发怒啊！为什么还这么可爱呢？大概因为他是个小娃娃吧！被激起了本能，点燃了人类最原始的怒火。谁能说自己绝不会发怒？只是谁在发怒的时候，能像这个娃娃一样，既宣泄了自己的情绪又不造成伤害？

最近看了陈凯歌导演的《霸王别姬》和张艺谋导演的《活着》。其中印象最深刻的，却都是发怒的情节。在《霸王别姬》里，两个不成名的徒弟去看师父，师父很客气地招呼。但是当二人请师父教诲的时候，那原来笑容满面的老先生，居然立刻发怒，拿出"家法"，好好修理了两个不听话的徒弟。在《活着》这部电影中，当葛优饰演的败家子把家产输光，债主找上门要葛优的老父签字，把房子让出来抵债时，老先生很冷静地看着借据说："本来嘛！欠债还钱。"然后冷静地签了字，把偌大的产业让给了债主。事情办完，一转身，脸色突然变了，浑身颤抖地追打自己的不肖子。两部电影里的老人都发了怒，但都是在该发怒的时候发怒，也没有对外人发怒。

这世上有几人，能把发怒的原则、对象和时间，分得如此清楚呢？

记得小时候，常听大人说，在联合国会议里，前苏联领导人赫鲁晓夫会用皮鞋敲桌子。后来，一位外交人员谈到这件事时说："有没有脱鞋，我是不知道，我只知道做外交虽然可以发怒，但一定是先想好的，决定发怒再发怒。也可以发表愤怒的文告，但是哪一篇文告不是在冷静的情况下写成的呢？所以办外交，正如古人所说，君子有所为，有所不为；君子有所怒，有所不怒。"这倒使我想起一篇有关指挥家托斯卡尼尼的报道。托斯卡尼尼脾气非常大，经常为一点点小毛病而暴跳咆哮，甚至把乐谱丢进垃圾桶。但是，报道中说，有一次他指挥乐队演奏一位意大利作曲家的新作，乐队表现不好，托斯卡尼尼气得暴跳如雷，脸孔涨成猪肝色，举起乐谱要扔出去。只是，手举起，又放下了。他知道那是全美国唯一的一份"总谱"，如果损毁，麻烦就大了。托斯卡尼尼居然把乐谱好好地放回谱架，再继续咆哮。请问，托斯卡尼尼真的在发怒吗？还是以"理性的怒"作了"表示"？

你的心理平衡吗

古人云："宠辱不惊，闲看庭前花开花落，去留无意，漫观天外云展云舒。"这个度量很大。梁启超给谢冰心写过："世事沧桑心事定，胸中海岳梦中飞。"世界上虽沧桑变化，我心事定，无论你怎么变化，我心里有数，心里各种烦恼的事，睡个觉就过去了，这就是度量。所以，无论受多大的挫折，都要尽量保持心理平衡，不生气，不动怒。

生活中有许多不如意，大多缘于比较。一味盲目地和别人比，造成了心理不平衡，而不平衡的心理使人处于一种极度不安的焦躁、矛盾、激愤之中，使人牢骚满腹，造成思想压力，甚至不思进取。表现在工作中就是得过且过，更有甚者会铤而走险，引火烧身。因此，我们必须保持心理平衡。以下几点建议，是走出心理失衡误区的钥匙：

1. 学会比较。

心理失衡，多是因为选择了错误的比较对象，总与比自己强的人比，总拿自己的弱点与别人的优点比。如果能够专注于自我，不去比较，实在要比的话，就把和自己处于同一起跑线上的人当作比较对象，那生活中可能会少一些烦恼，多一片笑声。

2. 寻找自信。

自信是心理平衡的基础。假如感到某方面不如别人，应相信自己是有才的，只不过是低估了自己的长处而已。当然，自信的前提是自己确有闪光点。所以，平时应当练好基本功。

3. 自我发泄。

你有权发火，怒而不宣可摧毁肌体的正常机能，导致体内毒素滋生，使人变得抑郁、消沉。适当的发泄可以排除内心怒气，重新鼓起生活的勇气。发泄的方法很多，可以向朋友、家人倾诉，也可以在独处时怒吼几声，也可以对着某物打上几下，出出怒气。以前听说过某人在自己办公室里放上一盆沙子，愤怒时便用力去搓沙子，这样既不害人也不伤己，不失为发泄的一个好方式。

4. 寻找港湾。

生活中需要一个能让自己"充电"、休养的港湾。无聊时去"充电"，烦恼时去放松，就像一艘远航归来的帆船一样，在这宁静的港口及时得到休整。这个港湾可以是一间充满花香的"闺房"，可以是一个深造提高的培训班，也可以是一次独来独往的旅行。

5. 心底无私。

命运的主宰是自己，树立自己的世界观、人生观，经常思考、检查自己的所作所为，自重、自省、自警、自励。心底无私天地宽，只要做好自己就是最大的胜利，就能获得最大的安慰。

6. 享受生活。

生活是美好的，虽然有时候会和人开个玩笑，让人跌上一跤，但说不定让你跌倒的时候，会放一个金元宝在地上等着你去捡。学会体会生活中的美丽，学会享受自然的恩赐，学会欣赏别人，也学会自我欣赏。

7. 献出爱心。

拾到一个钱包，与其整天提心吊胆、心神不宁，不如做件好事，奉献一片爱心，把钱包还给失主或是上交，为别人献出一点爱，心中会有更多的爱。

8. 复返自然。

大自然如同母亲的胸怀一样博大，如同上帝的施舍一样慷慨。烦闷时不妨到外面走走，回归自然。望着蔚蓝色的天空，朵朵的白云，潺潺的流水，听着那婉转的鸟鸣，心灵会慢慢趋于平静，快意会在不经意间涌上心头。

在仇恨的土壤中长出鲜花

法国19世纪的文学大师雨果曾说过这样的一句话："世界上最宽阔的是海洋，比海洋更宽阔的是天空，比天空更宽阔的是人的胸怀。"

古希腊神话中有一位大英雄叫海格力斯。一天他走在坎坷不平的山路上，发现脚边有个袋子似的东西很碍脚，海格力斯踩了那东西一脚，谁知那东西不但没有被踩破，反而膨胀起来，加倍地扩大着。海格力斯恼羞成怒，操起一条碗口粗的木棒砸它，那东西竟然长大到把路堵死了。

正在这时，山中走出一位圣人，对海格力斯说："朋友，快别动它，忘了它，离它远去吧！它叫仇恨袋，你不犯它，它便小如当初，你侵犯它，它就会膨胀起来挡住你的路，与你敌对到底！"

我们生活在茫茫人世间，难免会与别人产生误会、摩擦。如果不注意，在我们轻动仇恨之时，仇恨袋便会悄悄成长，最终会导致堵塞了我们通往成功的路。所以我们一定要记着在自己的仇恨袋里装满宽容，那样我们就会少一分烦恼，多一分机遇。

拿破仑在长期的军旅生涯中养成了宽容他人的美德。作为全军统帅，批评士兵的事经常发生，但每次他都不是盛气凌人的，他能很好地照顾士兵的情绪。士兵往往对他的批评欣然接受，而且充满了对他的热爱与感激之情，这大大增强了他的军队的战斗力和凝聚力，使其军队成为欧洲大陆的一支劲旅。

在征战意大利的一次战斗中，士兵们都很辛苦。拿破仑夜间巡岗查哨。在巡岗过程中，他发现一名巡岗士兵倚着大树睡着了。他没有喊醒士兵，而是拿起枪替他站起了岗，大约过了半个小时，哨兵从沉睡中醒来，他认出了自己的最高统帅，十分惶恐。

拿破仑却不恼怒，他和蔼地对士兵说："朋友，这是你的枪，你们艰苦作战，又走了那么长的路，你打瞌睡是可以谅解和宽容的，但是目前，一时的疏忽就可能毁灭全军。我正好不困，就替你站了一会儿，下次一定小心。"

拿破仑没有破口大骂，没有大声训斥士兵，没有摆出元帅的架子，而是语重心长、和风细雨地批评士兵的错误。有这样大度的元帅，士兵怎能不英勇作战呢？如果拿破仑不宽容士兵，那后果只能是增加士兵的反抗意识，丧失了他本人在士兵中的威信，削弱了军队的战斗力。

宽容是一种艺术，宽容别人，不是懦弱，更不是无奈的举措。在短暂的生命中学会宽容别人，能使生活中平添许多快乐，使人生更有意义。正因为有了宽容，我们的胸怀才能比天空还宽阔，才能尽容天下难容之事。

还有另外一则故事：

杰克和汤姆曾经是好朋友，有一次他们合伙做卖米的生意。

在他们居住的那条街上分布着许多米店，大多数店主把米放在外面，晚上找人看守。他们也和那些店主一样把米堆在商店外面。

可是有一天早上他们起来后发现米少了许多。杰克记得晚上汤姆起了好几次，他怀疑很可能是汤姆把米转移到了其他地方想独吞，因此心中大为不悦。而汤姆说他没有看见那些米，杰克不相信，两人吵了起来。汤姆忍无可忍，动手打了杰克，杰克毫不示弱也狠狠还击，打得汤姆鼻青脸肿。从此他们成为仇人，不再往来。

第三天杰克要到附近的一个小镇去做生意，一大早推开门发现门口放着一个陶罐，罐里装着几根骨头。按照当地风俗这是不吉利的象征，很晦气。杰克想肯定是汤姆诅咒他生意落败故意放在他家门口的，他非常生气地将陶罐扔到花园里，就出门了。结果那天他的生意很不好，不但没有赚到钱，反而亏了不少。回到家中他给院子里的花松土施肥时，无意中看到那个陶罐，想把它砸碎出气，又觉得很可惜，就顺便移了几株快死的花进去。

过了几天他从外边做生意回来，赚了不少钱。他很高兴地侍弄花草时惊喜地发现，陶罐里开满了鲜花。这让他很高兴，没想到用来出气的陶罐竟给他带来了意想不到的欢乐。看着这些鲜花，杰克开始为自己狭隘的心胸感到脸红，觉得自己当初不应该迁怒于汤姆，应该心平气和地向他解释。他决定主动向汤姆道歉。

在去汤姆家的路上遇到他的邻居，邻居问他说，前一段时间自家的小孩夜里在外面玩，把一个准备泡药的陶罐和一副兽骨药给弄丢了，不知杰克看见了没有。杰克回家找到陶罐和扔在院子里的兽骨还给了邻居。奇怪的是当他把东西还给邻居时，邻居给了他几袋米。

原来就在杰克和汤姆把米放在外面的那天夜里，有人要买杰克邻居家的米，黑暗中邻居错把杰克和汤姆的米卖了，等第二天发现时，买主已不知去向。邻居找杰克时，杰克已到外地去了，后来就把这件事给忘了。杰克觉得自己错怪了汤姆，他带上从陶罐里采摘的鲜花到汤姆家表示了真诚的歉意。

后来他们重新成为了朋友，感情比以前更好了。

人与人之间避免不了因相互误解而导致仇恨。最好的方式是以宽容的心态将这种仇恨栽培成一盆鲜花，让自己的心里开花才能让周围遍地开花。时间带走一切也考验一切，值得珍惜的是无限春光和快乐的果实，真正的友谊并不因误解、仇恨而变淡，反而因海纳百川的胸怀和气度而更加深厚。

让仇恨长成鲜花是一种智者大彻大悟的境界，也是人生快乐的源泉。

世间没有绝对的错与对

世间没有绝对的错与对，只要我们能够讲出道理来，事事都是可以理解的。世上每一条名言，都能找到与之相对的名言，就是这个道理。

同一件事情、同一样东西，因为情境不同、认知不同，就容易产生不同的道理。公说公有理，婆说婆有理，只要能够说得出道理来，对和错又有什么差别呢？

著名的寓言作家伊索，年轻时曾经当过奴隶。

一天，他的主人要他准备一桌最好的酒菜，以款待一些德高望重的哲学家。当菜一盘盘端上来时，主人发现满桌都是动物的舌头，牛舌、猪舌、羊舌、鹿舌……简直就是一桌舌头大餐。

全桌客人出于礼貌，只是小声地相互议论，机灵的主人发现宾客们的窃窃私语和怀疑的神色，气急败坏地把伊索叫进来兴师问罪。

主人严厉地斥责说："我不是叫你准备一桌最好的菜吗，你准备这些东西究竟是什么意思？"

伊索不慌不忙、谦恭有礼地回答："在座的贵客都是知识渊博的哲学家，他们高深的学问需要用舌头来阐述。对他们来说，我实在想不出还有什么比舌头更珍贵的东西了。"

哲学家们听了他这番对舌头的吹捧，都不禁转怒为喜，纷纷开怀大笑。

第二天，主人又要伊索准备一桌最不好的菜，招待别的客人。这批客人是主人住在乡下的亲戚，主人一向看不起他们，认为他们狗嘴里吐不出象牙，只是一群老土的乡巴佬，只有在逢年过节时，主人才会勉强招待他们来家里吃饭。

宴会开始后，菜一盘盘地端上来，却仍然还是一桌舌头大餐。主人火冒三丈，气冲冲地跑进厨房质问伊索："你昨天不是说舌头是最好的菜，怎么这会儿又变成了最不好的菜了？"

只见伊索镇静地回答："祸从口出，舌头会为我们制造灾难，引起别人的不悦，所以它也是最不好的东西。"

主人听了，不禁哑口无言。

尼采曾说："没有真正的事实，只有诠释。"

我们上学时，老师总讲究标准答案，正是这标准答案束缚了我们的创造性思维。曾经还听到这样一件事情：有一次老师对学生进行语文测试，问学生"雪化了变成了什么"。有回答变成"水"的，也有回答变成"泥水"的，都被判为正确。只有一个学生回答"雪化了变成了春天"，结果这个答案被判为"零分"，因为"雪化了变成了春天"不符合"标准答案"。而实际上，这是一个多么富有想象力和诗意的答案呀。

世上没有绝对的错与对，因为，任何道理只有放到一定的环境里才是对的，离开了相应的环境，可能就是谬误了。

现在很多人都喜欢跟风，人家考研他就跟着考，人家就业他就跟着找工作，完全不去认真分析自身条件是不是适合。其实，很多事人家做可能是正确的，但自己做就可能是错误的了，因为自己不适合。所以，世上没有绝对的错与对，我们只能冷静地去做自己认为最正确的事。

有绝对的幸福吗？没有

你是不是心中也还怀着一股怒气呢？要知道这样受伤害最大的是你自己，何不看开点，放自己一马呢？莎士比亚曾告诫我们："使心地清静，是青年人最大的诚命。"

从前，在威尼斯的一座高山顶上，住着一位年老的智者，至于他有多么的老、为什么会有那么多的智慧，没有一个人知道。人们只是盛传他能回答任何人的任何问题。有个调皮的小男孩不以为意，甚至认为可以愚弄他，于是就抓来了一只小鸟握在手心，一脸诡笑地问老人："都说你能回答任何人提出的任何问题，那么请你告诉我，这只鸟是活的还是死的？"老人想了想，完全明白了这个孩子的意图，便毫不迟疑地说："孩子啊，如果我说这鸟是活的，你就会马上捏死它；如果我说它是死的呢，你就会放手让它飞走。孩子，你的手掌握着生杀大权啊！"

同样地，我们每个人都应该牢牢地记住这句话，每个人的手里都握着关系成败与哀乐的大权。

一位朋友讲过他的一次经历：

"一天下班后我乘中巴回家，车上的人很多，过道上站满了人。站在我面前的是一对恋人，他们亲热地相挽着，那女孩背对着我，她的背影看上去很标致，高挑、匀称、活力四射，她的头发是染过的，是最时髦的金黄色，穿着一条最流行的吊带裙，露出香肩，是一个典型的都市女孩，时尚、前卫、性感。他们靠得很近，低声絮语着什么。女孩不时发出欢快的笑声，笑声不加节制，好像是在向车上的人挑衅：你看，我比你们快乐得多！笑声引得许多人把目光投向他们，大家的目光里似乎有艳羡。不，我发觉他们的眼神里还有一种惊讶，难道女孩美得让人吃惊？我也有一种冲动，想看看女孩的脸，看看那张倾城的脸上洋溢着幸福会是一种什么样子。但女孩没回头，她的眼里只有她的情人。

"后来，他们大概聊到了电影《泰坦尼克号》，这时那女孩便轻轻地哼起了那首主题歌，女孩的嗓音很美，把那首缠绵悱恻的歌处理得很到位，虽然只是随便哼哼，却有一番特别动人的力量。我想，只有足够幸福和自信的人，才会在人群里肆无忌惮地欢歌。这样想来，便觉得心里酸酸的，像我这样从内到外都极为孤独的人，何时才会有这样旁若无人的欢乐歌声？

"很巧，我和那对恋人在同一站下了车，这让我有机会看到女孩的脸，我的心里有些紧张，不知道自己将看到一个多么令人悦目的绝色美人。可就在我大步流星地赶上他们并回头观望时，我惊呆了，我也理解了在此之前车上那些惊诧的眼神。我看到的是张什么样的脸啊！那是一张被烧坏了的脸，用"触目惊心"这个词来形容毫不夸张！真搞不清楚，这样的女孩居然会有那么快乐的心境。"

朋友讲完他的故事后，深深地叹了口气感慨道："上帝真是公平的，他不但把霉运给了那个女孩，也把好心情给了她！"

其实掌控你心灵的，不是上帝，而是你自己。世上没有绝对幸福的人，只有不肯快乐的心。你必须掌握好自己的心舵，下达命令，来支配自己的命运。

你是否能够对准自己的心下达命令呢？倘若生气时就生气，悲伤时就悲伤，懒惰时就偷懒，这些只不过是顺其自然，并不是好的现象。释迦牟尼说过："妥善调整过的自己，比世上任何君王都更加尊贵。"由此可知，"妥善调整过的自己"，比什么都重要。任何时候都必须明朗、愉快、欢乐、有希望、勇敢地掌握好自己的心舵。

第六章 笑一笑，好心情才会来到

在漫漫的人生旅途中，我们碰到失意并不可怕，即使受挫也无须忧伤。笑对它们，其实它们没那么可怕，心情好了，你才有信心战胜它们。

对待忧愁，用笑声来解除

笑是生活的开心果，是无价之宝，但却不需花一分钱。所以，每个人都应学会以微笑面对生活。

如果我们整日愁眉苦脸地看生活，生活肯定愁眉不展；如果我们爽朗乐观地看生活，生活肯定阳光灿烂。朋友，既然现实无法改变，当我们面对困惑、无奈时，不妨给自己一个笑脸，一笑解千愁。

笑声不仅可以解除忧愁，而且可以治疗各种病痛。微笑能加快肺部呼吸，增加肺活量，能促进血液循环，使血液获得更多的氧，从而更好地抵御各种病菌的入侵。

笑声还可以治疗心理疾病。印度有位医生在国内开设了多家"欢笑诊所"，专门用各种各样的笑："哈哈""开怀大笑""吃吃"抿嘴偷笑、抱着胳膊会心的微笑等来治疗心情压抑等各种疾病。在美国的一些公园里都辟有欢笑乐园。每天有许多男女老少在那里站成一圈，一遍遍地哈哈大笑，进行"欢笑晨练"。

笑不仅具有医疗作用，而且生活中它还能产生人们意想不到的用途。有个王子，一天吃饭时，喉咙里卡了一根鱼刺，医生们都束手无策。这时一位农民走过来，一个劲儿地扮鬼脸，逗得王子止不住地笑，终于吐出了鱼刺。

雪莱说过："笑实在是仁爱的表现，快乐的源泉，亲近别人的桥梁。有了笑，人类的感情就沟通了。"笑是快乐的象征，是快乐的源泉。笑能化解生活中的尴尬，能缓解工作中的紧张气氛，也能淡化忧郁。一对夫妻因为一点生活琐事吵了半天，最后丈夫低头喝闷酒，不再搭理妻子。吵过之后，妻子先想通了，便想和丈夫和好，但又感到没有台阶可下，于是她便灵机一动，炒了一盘菜端给丈夫说："吃吧，吃饱了我们接着吵。"一句话把正在生闷气的丈夫给逗乐了，见丈夫真心地笑了，她自己也乐了。就这样，一场矛盾在笑声中化解开来。

既然笑声有这么多的好处，我们有什么理由不让生活充满笑声呢？不妨给自己一个笑脸，让自己拥有一份坦然；还生活一片笑声，让自己勇敢地面对艰难。

有句名言说："不仅会在乐观时微笑，也要学会在困难中微笑。"人生的道路上难免遇到这样那样的困难，时而让人举步维艰，时而让人悲观绝望，漫漫人生路有时让人看不到一点希望。这时，不妨给自己一个笑脸，让来自于心底的那份执着，鼓舞自己插上理想的翅膀，飞向最终的成功；让微笑激励自己产生前行的信心和动力，去战胜困难，闯过难关。

清新、健康的笑，犹如夏天的一阵大雨，荡涤了人们心灵上的污泥和灰尘，显露出善良与光明。笑是生活的开心果，是无价之宝，但却不需花一分钱。所以，每个人都应学会以微笑面对生活。

保持一颗童心，是一门人生的艺术

天真的孩童总是喜欢笑。有时候会无缘无故地笑，那是抑制不住满心的欢喜；天真的孩童总是喜欢幻想，总有一个个美好的憧憬和向往，喜欢施展想象力天马行空地奔跑。在他们的世界里，一根树枝可以变成一根神奇的魔棒，一把扫帚可以变一匹马……这些幻想是淳朴而又华丽的，无论它是昙花一现，还是长久地怒放，都能给我们的世界增添生动、丰富、美丽的内容。

是的，孩子的心灵是天真淳朴、晶莹剔透的。在孩子天真烂漫的童真世界里，一棵狗尾巴草和一辆电动小汽车等价；一块蒙垢的石子比一块金子更有光泽……

蓝天、白云、花朵、露珠、清泉、雪花……一切美好的东西上都有童心的痕迹，一切美丽的东西都与童心的本质是相同的。但令人无奈的是，人们随着年龄的增长，阅历的增多，逐渐感觉到：拥有童心不易，保住童心更难。

在历经了生活的艰难困苦之后，仍然拥有一颗纯真童心的人，他们才是真正意义上的贵族，他们知道"童心"是灵感的源泉，他们是你所接触过的最幸福、最有活力的人。他们比普通人更知道怎样让自己内心的"孩子"出来亮相。早上醒来，他们能够傻傻地肆无忌惮地笑，就像回到了天真烂漫的孩童时代；他们能够完全沉浸于自己的幻想，就像他们在孩提时代常常走神一样。他们清楚"真正的生活"不是整天工作和奔波，他们喜欢对生存保留一种孩子似的天真和好奇。

你可能会说："我也时常想回到儿童时代无忧无虑的时光里去，但是我有需要照顾的父母公婆，有嗷嗷待哺的孩子，有经济上的烦心事以及其他需要考虑的问题。生活的重担让我喘不过气来，我怎么还有心思早上起来轻松地进入笑和幻想的世界呢？"事实上，你自愿回到儿童般的状态中，像孩子一样去开怀大笑，像孩子一样热爱幻想，并不意味着你必须放弃当一个成年人。它仅仅意味着让你更自由自在一些，让你摘掉成年人的面具，记住你最初那双睁大了的眼睛，并且发自内心地赞叹整个世界以及其中的一切事物和人。去尽情享受当孩子的乐趣吧，孩子气就好像大热天里的清凉饮料一样让人心旷神怡。

有一个女人叫小晗，她在一家广告公司做平面设计，工作起来非常干练，充满幻想的创意也让她颇受老板的赏识，不过她认为这应该归功于自己的童心。是的，每个第一次走进她房间的人，都会不由得惊奇，肯定会以为走错了房间，还以为进入了小孩的卧室呢！屋子不大，没有床，在地板上铺的是整张软软的海绵垫子，小晗和她丈夫是以地为床的。垫子是海洋蓝的底色，上面的鱼、蟹、海星栩栩如生。每天早上一睁开眼，一定是幻想着来一次海洋旅行了。

中国儿童作家秦文君的作品《男生贾里女生贾梅》能够发行一百多万册，就在于她的脸上常有儿童般的快乐。她爱孩子，孩子爱她，她是一个真正意义上的大孩子，这也是她作品魅力不衰的原因所在。

无论处于如何艰难的境地，早上起来，你都可以畅快地笑，可以允许自己享受有趣的幻想以及精神的健康。你可以写下20条你长期以来梦寐以求的事情，不论是参加马拉松比赛、上电视，还是接受访问。然后划去那些看起来在短期内无法实现的梦想。最后你至少会得到一项你今天就可以实现的梦想。马上去实现它吧。然后再开始计划第二件最切实可行的事。慢慢地，你就会实现许许多多看来"幼稚可笑"的梦想，而且大部分都会被证明是实实在在的成就。

孩童的笑和幻想是这个世界的原始本色，没有一点功利色彩。就像花儿的绽放，树枝的摇曳，风儿的低鸣，蟋蟀的轻唱。他们听凭内心的召唤，是本性使然，没有特别的理由。

　　童心是生产乐趣的工厂、治疗忧伤的灵药、流淌幸福的源泉，童心不老的奥妙在于拥有童趣的沃土。一切有生命力的东西，都是童心的驱使。保持一颗单纯而快乐的童心，是每个人心理的需要，更是调节心理的一剂良方。

第六章 笑一笑，好心情才会来到

欣赏生活，享受生活

享乐不该是遥不可及的梦想，它应该是伸手可得的快乐。享乐也和金钱多寡无关，重要的是在于兴致和心情。生活本身就不是件易事，何不让自己随时随地处于享乐的心情中呢？

包希尔·戴尔是一位眼睛几乎瞎了的不幸之人，但是她的生活却并不是像我们所想象得那样糟糕。因为她始终坚信，不论是谁，只要他来到了这个世界上，就是合理的。用她的话说，她相信有所谓的命运，但是她更相信快乐。因为她自己就是一个在厨房的洗碗槽里也能寻求到快乐的人。

包希尔·戴尔的眼睛处在几近失明的状态很长时间了。她在自己所写的名为《我要看》的书中这样写道："我只有一只眼睛，而且还被严重的外伤给遮住，仅仅在眼睛的左方留有一个小孔，所以每当我要看书的时候，我必须把书拿起来靠在脸上，并且用力扭转我的眼珠从左方的洞孔向外看。"她拒绝别人的同情，也不希望别人认为她与一般人有什么不一样。

当她还是一个小孩子的时候，她想要和其他的小孩子一起玩踢石子的游戏，但是她的眼睛却看不到地上所画的标记，因此无法加入他们，于是，她就等到其他的小孩子都回家去了之后，趴在他们玩耍的场地上，沿着地上所画的标记，用她的眼睛贴着它们看，并且，把场地上所有相关的事物都默记在心里，之后不久，她就变成踢石子游戏的高手了。她一般都是在家里读书的，首先，她先将书本拿去放大影印之后，再用手将它们拿到眼睛前面，并且几乎是贴到她的眼睛的距离，以致她的睫毛都碰到了书本，就是在这种情况下，她还获得了两个学位，一个是明尼苏达大学的美术学士，另一个是哥伦比亚大学的美术硕士。

到了1943年，那时她已52岁了，也就在那个时候发生了奇迹。她在一家诊所动了一次眼部手术，没想到却使她的眼睛能够看到原先40倍远的距离。尤其是当她在厨房做事的时候，她发现即使在洗碗槽内清洗碗碟，也会有令人心情激荡的情景出现。她又继续写道："当我在洗碗的时候，我一面洗一面玩弄着白色绒毛似的肥皂水，我用手在里面搅动，然后用手捧起了一堆细小的肥皂泡泡，把它们拿得高高地对着光看，在那些小小的泡泡里面，我看到了鲜艳夺目好似彩虹般的光彩。"

当从洗碗槽上方的窗户向外看的时候，她还看到了一群灰黑色的麻雀，正在下着大雪的空中飞翔。她发现自己在观赏肥皂泡泡与麻雀时的心情，是那么愉快与忘我。因此，她在书中的结语中写道："我轻声地对自己说，亲爱的上帝，我们的天父，感谢你，非常非常地感谢你！"让我们来感谢上帝的恩赐，因为它使你能够洗碗碟，因而使你得以看到泡泡中的小彩虹，以及在风雪中飞翔的麻雀。

也许，你我都应该为自己感到羞耻，因为在我们人生已度过的日子里，我们一直是生活在一个美好的乐园里，但是，我们却好像是瞎子一样，没有去好好地欣赏它，也没有去好好地享受它。

其实享乐的方式还有很多，个个都是多彩多姿，只看你如何选择了，但只要你选择了，你的心情就会奇迹般地好转，第二天又会是一个全新的开始。

比如，周末的时候去享受大自然的乐趣。周末，约三五个好友去登山，驾车远离市区，天高气爽，心情会非常好。连续一周工作后，人已经很疲劳，但回到大自然和好友谈笑风生，偶尔再放纵一下，索性一不做二不休，脱掉高跟鞋，把鞋拎在手上爬山，一路上虽然惹人注目，但其中的惬意自在你心中。

再比如，享受网络的乐趣。曾几何时，随着网络的普及，聊天可以助你打字速度突飞猛进，享受敲击键盘文字纷落的快感。其实网恋是一种比友情深一点，比现实爱情又浅一点的纯感情的东西，如果理智地聊天，确切地说这种网恋应该是恋网才对，所以大可不必担心会误入歧途。如果觉得聊天没有意思，还可以到论坛看帖，帖子可能会让你看得眼花缭乱，但你总能找到自己感兴趣的帖子，也尝试着去跟在后边发表个建议什么的，或许你能在网络中找到在现实中无法找到的默契，网络中谁也不认识谁，但可以选择适合自己口味的帖子去跟帖。一来二去，其中的乐趣不言而喻。是的，就是这样，我相信你总能找到一片欣赏生活的天地。

　　所以，现代化生活环境中的人，做一个活在当下的"享乐主义者"是不困难的，只看你有没有这份情趣，有没有这份心境了，享乐是人的特权，你千万不要浪费哟。

任何时候都不能忘记微笑

世界通用的语言就是微笑！微笑是最庄严、最美丽的表情。穿什么样的衣服，都比不上脸上带着笑容来得美丽。

曾有这样一个小故事——有一位家境贫困的妇女和先生离婚后，自己带着小孩谋生。她想让孩子开开眼界、看看美丽的世界，所以，她带着孩子到百货公司，让孩子认识各样东西。百货公司的东西琳琅满目，有各式各样的玩具：小熊、小猫、娃娃、机器人……孩子也很乖巧，只要妈妈能带她到处看看，她就已经很欢喜了！

有一天，她看到有人在拍照。这孩子忽然拉着妈妈的手说："妈妈，我也想要照相！"

那位妈妈摸摸孩子的头，理一理她的头发，轻抚着孩子的脸颊说："孩子啊！你看你这件衣服不够漂亮，今天不要照好吗？"

那小孩才五六岁，她却回答妈妈说："妈妈，我没有漂亮的衣服可以穿没关系啊！虽然衣服不漂亮，但我会笑啊！我的微笑不是很漂亮吗？"

妈妈听了很心疼！她从来不曾让孩子穿漂亮的衣服，但大家都称赞她很可爱。那天妈妈才发现：她的小孩之所以可爱，是因为她脸上常挂着笑容。

微笑确实是最漂亮的！穿什么漂亮的衣服，都不及脸上那份亲切的笑容来得美。那五六岁的小孩多懂事啊！她知道妈妈很辛苦，没什么多余的钱，所以只要能到百货公司看看就好了；虽然没有漂亮衣服穿，但她能自己创造美感——笑容。

保持开朗的心情和活力的举止有一个秘诀，那就是由衷的笑容。有人主张有一个笑的人生，对许多困难和不满其实大可以一笑了之。在不能开怀大笑的场合，也不妨笑在心里，无声地笑。笑不只是脸上好看，同时也可松懈神经，振作精神，驱散紧张。

对人对事，都能够一笑了之的人，永远不会患得患失，神经过敏。

在日常生活中，实在有太多令人哭笑不得的事。如果让我们选择，我们应毫不犹豫地舍哭取笑！笑可以显示你的信心，笑也是实力的最佳证明。

笑是一种锐不可当的武器，没有其他粗言秽语比一笑更能使你的冤家对头心如刀割的了，对付侮辱的最有效方法就是淡然一笑。

如果你的人生中能充满微笑，那么还有什么困难是不能克服的呢？高兴的时候，请微笑；不知所措的时候，记住微笑；面对挫折的时候，也不要忘了微笑……

笑对风雨，才能活得精彩

法国作家雨果说："笑，就是阳光，它能消除人们脸上的冬色。"不是吗，生活就像一面镜子，你给它以笑容，它也同样报你以笑容。

看到花开花落，南唐后主李煜低吟的是："落花流水春去也，天上人间"，而意气风发的毛泽东却会高诵出"看万山红遍，层林尽染"的豪迈。李后主在抑郁中客死他乡，而毛主席却组建了金戈铁马的队伍，开辟了一个新的"世纪"。难怪历来的成功学者一致认为，事物本身并不给你造成多大影响，你的一切成败皆来自于你对事物的看法。

人的一生，难免有坎坷，遇困境，不可能一帆风顺。对生活充满信心的人，总能笑对这些不幸，用快乐抹平生活的创伤，活出一份精彩。试着别让"坏"的事物黯淡了你的眼睛，你的心灵才不会荒芜，你的前途也才会越走越光明。

翠花的一生充满了不幸，但她却并没有因此而痛苦一生，因为她的心总是浸泡在希望的蜜汁中。19岁那年，她嫁给了邻村跑生意的强生，可结婚不到半年，跑到邻省进货的强生便如同泥牛入海，再也没有了音讯。村邻们纷纷猜测：有人说他死在了土匪的枪下，有人说他被抓了壮丁，还有人说他可能是病死他乡了……而那时，她已经有孕在身。

丈夫失踪几年以后，村里人都劝她改嫁，没有了男人，孩子又小，这日子可怎么过？她没有走。她说，丈夫生死不明，也许在很远的地方做了大生意，说不定哪一天发了大财就回来了。儿子在她的精心照顾下，健康地成长；家在她勤劳的双手支撑下，虽艰辛但不乏笑声。

日子就这样一天天地过去了，在她儿子18岁的那一年，一支部队从村里经过，她的儿子参军走了。儿子说，他要到外面去寻找父亲。

不料，儿子走后又是音讯全无。有人告诉她说儿子死在战场上了，她不信，一个大活人怎么能说死就死呢？她甚至想，儿子不但没有死，而且当了大官，等打完仗，天下太平了，就会回来看她。

她还想，也许儿子已经娶了媳妇，给她生了孙子，回来的时候是一大家子人了。

虽然儿子依然杳无音信，但这个想象给了她无穷的希望。她比以前更勤劳了，对生活也更有劲头了，在下种田地之余，还做绣花线的小生意，不停地奔走四乡，积累钱财。她告诉人们，她要挣些钱盖一间新房子，等丈夫和儿子回来的时候住。

有一年她得了一场大病，医生说她没有多大希望了，但她最后竟奇迹般地活了过来。她说，她还不能就这样死了，儿子还没有回来呢。翠花一直健康地生活着，她不时念叨着，她的儿子生了孙子，她的孙子也该生孩子了。而想着这一切的时候，她那布满皱纹的核桃壳样的脸，总会变成一朵绚烂的花。翠花最终活了102岁，她是村里最不幸的女人，但却是最长寿的一位。

翠花的一生，我们无法用语言评述，然而，一直处于不幸遭遇中的她，却用别人无法想象的"快乐思维"，使自己不但顽强地生存了下来，而且到了百岁的时候还笑得那样灿烂、那样美丽。可以说，这全都是遇事总往好处想的结果。

也许你会觉得要改变自己的性格并不是那么简单，这时候你不妨遇事光想好的一面，用积极的心态改变自己的性格，就如前面所讲的那个翠花一样。

有许多人的不快乐，其实并不是遇到了多么不开心的事，而是只看到了消极的一面，并人为地把这种不开心放大了。所以，快乐的人遇事总往好处想，总能以乐观的态度对待生活、笑待他人。

任何人都有忧伤痛苦的时候，只是表现出来的方式有消极悲观或是积极对待的区别罢了。如果选择了冷漠待人，便会觉得生活像是栅栏；如果选择了热情待人，便会觉得生活像是喷泉。

在人生的巅峰，事业有成、爱情美满时，我们当然可以眉开眼笑，但更重要的是在挫折和困难面前，我们要保持笑容。因为，生活不相信弱者的眼泪，它只对乐观进取的人微笑，而在每个人的笑容背后蕴含的正是一种乐观的精神。它会给我们意志力、勇气和信心，是战胜困难温柔而有力的"武器"。

有好的心情，才会有好的未来

我们生活在这个世界上，就要让每天都活得有声有色。所以我们就要调整好自己的心情，因为人不可能一点不愉快的事都不遇到，但只要你能够正确地去面对，就不会有什么烦恼了。

汤姆已经结婚18年了，在这段时间里，从早上起来到他要上班的时候，他很少对自己的太太微笑或跟她说上几句话。汤姆觉得自己是百老汇心情最差的人。

后来，在汤姆参加的继续教育培训班中，他被要求准备以微笑的经验发表一段谈话，他就决定亲自试一个星期看看。

现在，汤姆要去上班的时候，他记住要让自己的心情好起来，他就会强迫自己改变过去的形象，显得心情很好的样子对大楼的电梯管理员微笑着说一声"早安"；他以微笑跟大楼门口的警卫打招呼；他也对地铁的检票小姐微笑；当他站在交易所时，他甚至对那些以前从没有见过自己微笑的人微笑。

汤姆很快就发现，每一个人也对他报以微笑。他以一种愉悦的心情来对待那些满肚子牢骚的人，他一面听着他们的牢骚，一面微笑着，于是问题就容易解决了。汤姆发现微笑带给自己更多的收入，每天都带来更多的钞票，而且自己的心情越来越愉快，每一天都让他很快乐，生活充满了幸福感。

汤姆跟另一位经纪人合用一间办公室，对方是个很讨人喜欢的年轻人。汤姆告诉那位年轻人最近自己在心情方面的体会和收获，并声称自己很为所得到的结果而高兴。那位年轻人承认说："当我最初跟您共用办公室的时候，我认为您是一个非常闷闷不乐、心情总是很糟糕的人。直到最近，我才改变看法：当您微笑的时候，充满了慈祥。"

是的，我们的心情会改变我们的形象，有了好的心情，我们就会多一点笑容，而我们的笑容就是我们好意的信使。我们的笑容能照亮所有看到它的人。对那些整天都看到皱眉头、愁容满面的人来说，我们的笑容就像穿过乌云的太阳；尤其对那些受到上司、客户、老师、父母或子女的压力的人，一个笑容能帮助他们了解一切都是有希望的，也就是世界是有欢乐的。而同时，因为我们的付出，因为我们的好心情为我们赢得了事业、尊重、友谊、爱情，甚至于我们的未来。

世界上的每一个人，都希望自己能够过上美满幸福的生活，希望自己能够有一个好的未来，受到别人的关注和尊重，其实这一切都很简单，学会微笑，学会给自己一个好心情。当我们抱怨为什么自己失败多于成功的时候，我们不妨反思一下，我们是不是心情差的时候多于好的时候。

第六章 笑一笑，好心情才会来到

身处逆境，一笑置之

不论阴云密布还是阳光灿烂，我们都要时时刻刻保持乐观。乐观是如此简单，人人皆有；乐观是如此重要，可以冶心；乐观是如此有益，助人成事。

逆境中的微笑可以让人心平气和、不急不怒，能让人仔细分析所处困境，理清思路，找出解决办法，顺利渡过难关。从心理学的角度来讲，在不利局面下保持微笑会给竞争对手以极大的心理压力，此时的微笑会让对手心惊胆战、不寒而栗。顺境中的微笑也可以让人保持心态平和，不骄不躁，可以让人看清鲜花丛中的荆棘，看到阳光道上的陷阱，使人头脑清醒，继续勇往直前。

微笑是人生的一种境界，我们始终这样认为。

一个女人有一个最爱的人——她的侄儿。因为侄儿是她像亲儿子一样从小带大的。一次偶然，侄儿出了意外。那一天，女人接到一封电报，说她的侄儿已经不在人世了。

她悲伤得无以复加。除了这个侄儿，她没有子女。在这件事发生以前，她一直觉得生命是那么美好，有一份自己喜欢的工作，有一个心爱的侄儿。而现在，她的整个世界都粉碎了，觉得再也没有什么值得她活下去的了。她开始忽视自己的工作，忽视朋友，既冷淡又怨恨。她决定放弃工作，离开家乡，把自己藏在眼泪和悔恨之中。

就在她清理桌子、准备辞职的时候，突然看到一封侄儿以前写给她的信，上面有这样一段话："我永远也不会忘记那些你教我的真理：不论活在哪里，不论我们分离得有多么远，我永远都会记得你教我要微笑，要像一个男子汉一样承受所发生的一切。"

她把那封信读了一遍又一遍，觉得侄儿就在她的身边，正在跟她说话："你为什么不照你教给我的办法去做呢？撑下去，无论发生什么事情，把你个人的悲伤藏在微笑底下，继续过下去。"

于是，她重新回到工作岗位，不再对人冷淡无礼。她一再对自己说："事情到了这个地步，我没有能力去改变它，但我可以乐观地对待它。"

是的，坎伯也曾经写道："我们无法矫治这个苦难的世界，但我们能选择快乐地活着。"

天底下没有绝对的好事和绝对的坏事，有的只是你如何选择面对事情的态度。如果你凡事皆抱着消极的心态来对待，那么就算让你中了一千万的彩金，也是坏事一桩。因为你害怕中了彩金之后，有人会觊觎你的钱财。

面对当今越来越复杂、越来越纷乱的社会，在背负巨大心理压力的同时，我们经常还会碰到各种各样的困难和挫折，如失业下岗、家庭变故、婚姻失败、学业不顺、经济困难等诸多问题。当这一切突如其来的事无法改变时，就看我们的内心是否强大。

是的，每个人的一生都会遇到诸多的不顺心，秉性柔弱的人在遇到困境时，看不到前途的光明，抱怨天地的不公，甚至破罐子破摔，在精神上倒下；而秉性坚忍的人在遇到困境时，能够泰然处之，认定活着就是一种幸福，无论是顺境还是逆境，都一样从容安静，积极寻找生活的快乐，不浪费生命的每一分每一秒，于黑暗之中向往光明，在精神上永远不倒。

其实，生活中很多事情若真要降临到你头上，不管你愿不愿意接受，它都会来，这就要看你怎样对待它了。著名的台湾佛学大师海涛法师讲："当今社会，不是让你去改变谁的时候，而是你要懂得学会接受，以一个好的心态坦然地接受它。当你凡事都以乐观的心态去面对的时候，你会惊讶地发现，无论多么大的困难，都不是可怕的，世界原来竟是那么美好，我们的生活处处都充满了阳光。"

用心享受每一天

　　很多人整日忙于工作、忙于家务、忙于照顾家人，似乎每一天都在不停地奔波，他们的口头禅是"生活好累啊，如果有一天闲下来，我一定要去……"他们有着无数享受生活的愿望，比如一次长途旅行，比如去舒舒服服地休个长假，比如好好跟密友待上几天，可是这些愿望总是因为这样或那样的原因不能实现。

　　不经意间，季节已悄然转换。当大雁开始南飞，当空中飘起飞雪，当爆竹再次响起，当柳树又吐新绿，日子已如白驹过隙。

　　毫无疑问，快节奏的生活已经使得现代人整日处于步履匆匆、忙忙碌碌的状态。很多人被奔波忙碌打磨得心都疲惫麻木了，渐渐忽略了生活中许多细小的却是真真切切的快乐。为了给孩子创造好的环境而极少有时间陪孩子聊天的母亲，似乎很少想过：孩子纯真的笑脸和成长的快乐并不会因此为你停留。为了所谓的事业打拼的女人，功成名就之后，可会遗憾：劳累的身心不复回到从前？生活中的诱惑无处不在，因此而滋生的欲望没有穷尽，即便成功了，回首来路，也会发现沿途的风景——作为人生真谛和意义的过程被本末倒置地忽略了。就像王羲之在《兰亭集序》中所发的感慨："向之所欣，俯仰之间，已为陈迹，犹不能不以之兴怀。"

　　生活就是一个过程，她的美丽就展现在过程之中，展现在平平常常的日子里。只要用心，就会发现生活之美无处不在：清晨有朝阳的绚烂，黄昏有落日的静美；春有春的生机，夏有夏的妩媚，秋有秋的风情，冬有冬的含蓄，四季轮回，美景更换。这些难道不值得我们停下匆匆的脚步驻足赏玩吗？

风景并非都在远方，用心体会，一句温暖的问候，一个理解的眼神，一声稚嫩的呼唤，一朵绽放的花朵，都会带给你一份心灵的悸动。

人生是短暂的，我们只有全身心地享受每一天，才不会有人生易老的悲叹。因为我们虽然无法延长生命的长度，却可以拓宽生命的宽度。

用心享受生活的每一天吧，你会发现，生命因此变得厚重丰盈，趣味盎然！

能够在清新的原野上自由地呼吸，能够在柔和的阳光下快乐地歌唱，心灵的负荷已经卸下，家园的旅程轻松而又奔放；白云是那样的轻盈洁白，星空是那样的辽阔美丽，水样的月光轻轻地摇荡着小小的船儿，佳人的浅唱低吟融入了悠悠的流水。一切都是神赐的浪漫和温馨，一切都让人陶醉！

这不是乌托邦的神话，更不是世外桃源的梦想，所有热爱生活并牢牢把握住生命的人，都会享有一个完美无缺的今天。哪怕人生的路途是那么短暂，哪怕死亡的挑战和尘世的纷争不断，我们抓住了分分秒秒也算享尽了人间春色。

"享受每一天"，这是《泰坦尼克号》中男主角杰克的一句名言。在滚滚红尘中，可以做到不为金钱所动、不为富贵所移，爱情的牵手完全出于心与心的呼唤，抛开了世俗的偏见，珍惜每一天拥有每一刻，这是真爱的风采啊，是爱情故事的光辉典范！一旦悲剧降临了，他们又以爱人的心去拯救别人，以爱人的心去温暖自己的所爱。

享受每一个灿烂的今天，并不是说要你"及时行乐"，真正的享受具有崇高的意境。奉献是一种享受，工作是一种享受，爱和被爱也是一种享受，情意的付出和回报更是人生的一大享受。

生命时光有限，日历撕了一页就少一天，而所有的梦想不会从天而降，今天你不去创造，今天你不抓住快乐的绳索，明天你就会遗憾终身。如果你把自己的生命和幸福与他人的生命和幸福连在一起，珍爱别人也珍爱自己，你就可以走出无谓的纷争，实实在在地享受每一天。

"享受每一个灿烂的今天"就是把一天之中经历过的事情所得到的感受通通记在心里，因为有些事情可能一生之中只能经历一次，或者换句话说，给一个人感受最深的就是做某件事情的第一次，而这一次或者第一次的感觉是最真切的了。所以可以这样说，在每一天的每一次感受和每一种感觉都应当会让一个人感到兴奋和喜悦才对。每一个人的生命只有一次，所以，把握这仅有的一次生命中的每一天，才是人生最紧要的事情。

单纯一点，"简单"从事

我们很多人都怀念童年，怀念那一种不再回来的单纯，怀念那种现在缺失的无知。其实，我们失去的是那一颗童心，让我们重拾它吧，哪怕是偶尔，也会带给我们快乐，也许，快乐真的就这么简单！

杰瑞是个乐天派，不论遇到好事坏事，整天都笑嘻嘻的，好像个孩子一样，家人说他是个长不大的孩子，整天没个正形。而他自己则说，之所以能每天过得很开心，就是因为自己还是个"孩子"，还保有一颗"童心"。

耶稣曾经抱起孩子告诫众人："除非你们改变，像孩子一样，否则你们绝不能成为天国的子民。因为天国的子民正是像他们这样的人。"

孩子是快乐的天使，幸福的吉祥物，和他们在一起，你会感到年轻许多。有的人说，孩子之所以快乐，是因为他们只知道玩乐，而不用像大人们一样整天要考虑衣食住行。其实并非完全如此，孩子也有他们的心事，他们要考虑的事也很多，诸如，如何才能取悦家长，如何才能不让老师发现自己的小秘密，和小朋友到哪儿去玩等。他们之所以整天无忧无虑，一则是因为他们考虑事情不像大人那样复杂，只能"简单"从事，许多对于大人来讲毫无兴趣的事，在他们眼里却充满了快乐与幸福。

有位老师曾问他七岁的学生："你幸福吗？"

"是的。我很幸福。"她回答道。

"经常都是幸福的吗？"老师再问道。

"对。我经常都是幸福的。"

"是什么使你感到如此幸福呢？"老师接着问道。

"是什么我并不知道，但是，我真的很幸福。"

"一定是什么事物带给你幸福的吧！"老师追问道。

"是啊！我告诉你吧，我的伙伴们使我幸福，我喜欢他们。学校使我幸福，我喜欢上学，我喜欢我的老师。还有，我喜欢上教堂，也喜欢学校和其中的老师们。我爱姐姐和弟弟。我也爱爸爸和妈妈，因为爸妈在我生病时关心我。爸妈是爱我的，而且对我很亲切。"

在孩子的眼中，一切都是美好的，身边的一切，小朋友、学校、教堂、爸妈等都让她快乐。这是一种单纯形态的幸福，是人们在生活中苦苦追寻的所谓最大幸福也无法比拟的。

孩子们快乐，还因为他们对任何事情都拿得起，放得下。他们不会跟大人一样，和谁闹翻了脸，便会老死不相往来，他们很快就会忘掉，不会记仇；挨家长训斥了，即使是哭了，也会很快就破涕为笑；受到老师批评了，他们也不会老是怀恨在心。他们当哭则哭，当笑则笑，受到表扬，便高兴得又蹦又跳，受到批评便掉泪珠，绝不会掩饰和做作。

孔子说："三人行，则必有我师焉。"孔子本人不也曾向孩子请教太阳何时最大吗？孩子是我们学习的榜样，保持一颗童心，可以让我们返老还童。人一天天长大，往往会被世上的琐事烦扰不止，人越是成熟就越是复杂，因此童年时期的快乐心情是我们应该重新捡拾的。

虽然我们不能再回到童年的那个年龄，但我们可以经常回忆童年趣事，拜访青少年时期的朋友和同学、老师、母校。如果有机会还要去看一看童年的家乡、玩耍的旧地，旧事重提，旧友相聚，那样我们才会重拾童真的快乐，重回纯洁无忌的开心时刻。

拥有一颗童心，就会像孩子一样快乐，拥有一颗童心，就会重拾童年时代的幸福。所以我们说即使我们的年龄一天天变老了，但是我们的心灵却不能变老。

第七章　乐观一点，你才不会忧郁

　　快乐是一种心情，宽容是一种仁爱的光芒，智慧是一种获得人生快乐的方法。只要向着阳光，将阴影留在你背后，人生就没有过不去的坎儿。最优秀的人就是你自己，让乐观主宰你的一生，高兴些，别忧郁，做个开心的人！

让乐观做自己的主宰

乐观是一个指南针，指引你驶向成功的彼岸，阔步前进；乐观是一剂良药，可以医治苦难的伤痛。为了美好的人生，请让乐观主宰你自己！

人生如同一艘在大海中航行的帆船，掌握帆船航向与命运的舵手便是自己，有的帆船能够乘风破浪，有的却沉入泥沙，会有如此大的差别，不在别的，而是因为舵手对待生活的态度不同。前者被乐观主宰，即使在浪尖上也不忘微笑；后者是悲观的信徒，即使起一点风也会让他们心惊胆战，祈祷好几天。一个人或是面对生活闲庭信步，抑或是消极被动地忍受人生的凄风苦雨，都取决于他对待生活的态度。态度决定命运，态度决定人生。

生活如同一面镜子，你对它笑，它就对你笑；你对它哭，它也以哭脸相示。拥有什么样的心态，也就决定拥有什么样的人生结局。

悲观主义者说："人活着，就有问题，就要受苦；有了问题，就有可能陷入不幸。"即使一点点的挫折，他们也会千种愁绪，万般痛苦，认为自己是天下最苦命的人。一如英国哲学家罗素所形容的"不幸的人总自傲着自己是不幸的"。悲观主义者用不幸、痛苦、悲伤做成一间屋子，然后自己钻了进去，并大声对外界喊着："我是最不幸的人。"因为自感不幸，他们内心便失去了宁静，于是不平、羡慕、嫉妒、虚荣、自卑等悲观消极的情绪应运而生。是他们自己抛弃了快乐与幸福，是他们自己一叶障目，视快乐与幸福而不见。

乐观主义者说："人活着就有希望，有了希望就能获得幸福。"他们能于平淡无奇的生活中品尝到甘甜，因而快乐如清泉，时刻滋润着他们的心田。

任何事物本身都没有快乐和痛苦之分，快乐和痛苦是我们对它的感受，是我们赋予它的特征。同一件事情，从不同的角度去看待，就会有不同的感受。一个人快乐与否，不在于他处于何种境地，而在于他是否保有一颗乐观的心。

朋友，为了美好的人生，给心灵一条自由的通道吧，让乐观和微笑主宰我们的每一天。

赞美自己：我才是最好的

渴望得到别人的赞美不如自己赞美自己来得容易。既然我们需要赞美，既然赞美能让我们进步，催我们奋进，那就让我们学会赞美自己吧！

每个人都会遇到各种各样的困难和不快，见难就退，还是知难而进呢？快乐也要面对，苦闷也要面对，为何不选择快乐地面对呢？记得一位哲人说过"人的态度决定一切"，因此当不断地赞美自己时，你就已经主宰了自己的命运。生活总会有无尽的麻烦，请不要无奈，不要忧郁，因为路还在、梦还在，学会赞美自己，做一个充满乐观精神的人，打造出自己的辉煌人生来吧！

曾经在上班的路上，看见一个年轻的妈妈带着自己年幼的儿子在门口练习走路。当扶着妈妈的手时，小孩便大胆地往前迈步，可当妈妈把手拿开时，他便站在那儿不敢往前迈步。孩子的妈妈没有去扶他，而是蹲在前面不远处一个劲儿地说表扬他的话："宝宝真厉害，宝宝一定能走过来……"

我心想那孩子那么小，怎么懂得这话的意思，这一招肯定不管用。谁知过了一会儿，那小孩居然真的在妈妈的鼓励下向前迈出了小腿，晃悠悠地走了几步，然后一下子扑到母亲怀里。

"宝宝真棒。"年轻的母亲又不住地赞美着自己的儿子。孩子"咯咯"地在母亲的怀里笑着。

年轻妈妈的几句赞美的话，竟能鼓起那么小的孩子的勇气，有了妈妈的称赞与鼓励，小孩将走得越来越远，大人又何尝不是如此啊，大人又何尝不需要赞美啊？

马克·吐温说："只凭一句赞美的话，我可以多活三个月。"人人都渴望得到别人的赞美，赞美是一种肯定，一种褒奖。工作中听到领导的表扬，我们干活便特别带劲；生活中听到朋友的赞美，心情便会舒畅好几天。

赞美就像照进人们心灵中的阳光，能给人以力量，没有阳光，我们就无法正常发育和成长。赞美能给人以信心，没有信心，人生的大船便无法驶向更远的港湾。

渴望得到别人的赞美毕竟不如自己赞美自己来得容易。既然我们需要赞美，既然赞美可以让我们更上一层楼，催我们奋进，那就让我们学会赞美自己吧！当自己考了个好成绩，或是写了一篇好文章，不妨赞美自己几句，为自己喝彩，为自己叫好。不！不需要说出口，不需要任何人的分享，只要一个会心的微笑，只要心灵的一点点波动，这时你就能体会到拥有成功的喜悦，这不仅是对自身的欣赏和肯定，更是对未来的追求和希望，更是用自信再次扬起人生的风帆。不！这也不是自我陶醉。在飞梭似的人生里留下一点完全属于自己的时间，不要用手去摸，不要用眼睛去看，只要用心去感触，体味一个真实的自己，那一点成功就是自身价值的体现。只要那么一瞬间，你便可以看到前途的光明，看见世界的美好。

一个喜欢棒球的小男孩，生日时得到一副新的球棒。他激动万分地冲出屋子，大喊道："我是世界上最好的棒球手！"他把球高高地扔向天空，举棒击球，结果没中。他毫不犹豫地第二次扔起了球，挑战似的喊道："我是世界上最好的棒球手！"这次他打得更带劲，但又没击中，反而跌了一跤，擦破了腿。男孩第三次站了起来，再次击球。这一次准头更差，连球也丢了。他望了望球棒道："嘿，你知道吗，我是世界上最伟大的击球手！"

后来，这个男孩果然成了棒球史上罕见的神击手。是他对自己的赞美给了他力量，是赞美成就了小男孩的梦想。也许有一天，我们能像小男孩一样登上成功的顶峰，那时再回首今天，我们会看见通往凯旋门的大道上，除了脚印、汗水、泪水外，还有一个个驿站，那便是自己的赞美。也许有一天你会赢来无数的鲜花和掌声，但你会发现，只有自己的赞美才是最美、最真实的！

第七章 乐观一点，你才不会忧郁

用幽默来调剂自己的生活

良好的幽默感是身心健康的滋补品，它能够帮助你克服焦虑和忧郁，它能够减轻你生活的重负，它能够给心灵带来安详的满足，同时它也是你游刃社交场合所能穿的最好服饰。

著名科学家爱因斯坦曾经说过："只要我们活着，我们就要保持幽默感。"生活中不能没有幽默，因为，它是生活不可或缺的调味剂。正如苏联的普里什文所说："生活中没有哲学还可以对付过去，然而没有幽默只有愚蠢的人才能生存。"

幽默是人际关系的润滑剂，是人们之间的一种纽带。利用幽默可以化解矛盾，制止不文明的行为，消除敌对情绪。幽默可以使自己免受紧张、不安、恐惧、烦恼的侵害。

幽默可以疗伤，可以降低血压，能消除内心的火气。科学家称之为"心理按摩"。

幽默是心理卫生的润滑剂，是调节心理平衡、促进心理健康的良方，能起到心理按摩的作用，是一种很好的心理防御措施。幽默能解除尴尬与不安，在尴尬场合，幽默的语言可以使气氛活跃起来。英国前首相丘吉尔任国会议员时，有个向来行为嚣张的女议员，居然在议席上指着丘吉尔骂道："假如我是你老婆，一定要在你的咖啡里下毒！"此话一出，人人屏息。然而丘吉尔却顽皮地说："假如你是我老婆，我一定会一饮而尽！"结果，全场哄堂大笑。

幽默能使我们放松，解除工作疲劳，缓解生活的压力。幽默还有助于家庭和睦，活跃气氛。

幽默既然有这么多好处，我们一定要学会不时地幽上一默。有人认为幽默是很高深的东西，其实不然，只有细心挖掘，每个人都会有幽默感。幽默的方法很多，下面仅列举一二以示之：

正话反说。把欲表达的意思反过来说，可增添不少幽默的成分。有一次萧伯纳在街上行走，被一个冒失鬼骑车撞倒在地，幸好没有受伤，只是虚惊一场。骑车人急忙扶他起来，连连道歉，可是萧伯纳却做出惋惜的样子说："你的运气不好，先生，你如果把我撞死了，你就可以名扬四海了！"

直言不讳。这种方法就是直接拿自己的某个缺点以幽默的话语主动示人。邓小平个子矮，他曾经幽默地说："天塌下来，有高个子顶着。"既坦然承认了自己的缺点，又不至于让自己太尴尬。还有这样一个例子：著名画家韩羽是秃顶，他曾经写了一首《自嘲》诗："眉眼一无可取，嘴巴稀松平常，唯有脑门胆大，敢与日月争光。"让人读后不仅不会笑话他的缺点，反而称赞其乐观大度的为人处世哲学。

以柔克刚。这种方法是不直接回答对方，而是顺着对方的话说，以静制动，变被动为主动。美国前总统林肯在一次演讲时，有人递给他张纸条，上面只写了两个字："笨蛋。"他举着这张纸条镇静地说："本总统收到过许多匿名信，全都是只有正文，不见署名，而刚才那位先生正好相反，他只署了自己的名字，而忘了写内容。"林肯以柔克刚，在笑声中不仅替自己解了围，也有力地回击了对方。

偷梁换柱。把另一种事物的特征以移花接木之术转换到此事物上，听后肯定让人忍俊不禁。我国古代有位皇帝，因处理朝政操劳过度，精神萎靡，食不甘味，睡不安枕，噩梦连绵，头昏脑涨，胸闷气短，日渐消瘦。大臣们为其到处寻医，可试遍了各种良方，皇帝的病情却毫无起色。后来请来了扁鹊，诊视完后扁鹊说："陛下得的是月经不调。"皇帝听罢哈哈大笑："荒唐，我乃男子，何来月经不调之理。"笑得他前俯后仰，眼泪都出来了。此后，这位皇帝每当与别人谈起此事还大笑不止，可说来也怪，过了不长时间，他的病情居然慢慢好转起来，不久就痊愈了。

遇事不钻牛角尖，人也舒坦，心也舒坦

人的一生中最美的是过程，生命中总有些东西无法重复，毕竟过去的不会再回来。所以珍惜现在，珍惜拥有的，珍惜你爱的和爱你的人，你才会更快乐。有时或许放弃你的执着，才能看到另一片美好的天地，有句老话说得好：遇事不钻牛角尖，人也舒坦，心也舒坦。

有一则脑筋急转弯这么说："一个人要进屋子，但那扇门怎么拉也拉不开，为什么？"回答是："因为那扇门是要推开的。"

生活中我们有时会犯一些诸如只知拉门、不知推门的错误。其中的原因很简单，就是我们有时遇事爱钻牛角尖，不会变通。有时候，周围的环境变了，我们却不知变通，还在固执一端，钻牛角尖，认死理，结果却闹出笑话来。

《吕氏春秋》里记载：楚国有一个人搭船过江，一不小心，身上的剑掉进了河里。同船的人都劝他下水去捞，但他却不慌不忙地从身上拿出一把小刀，在船边剑落水的位置上刻了个记号，有人问："做什么用啊？"他回答说："我的剑就是从这个地方掉下去的，我刻个记号，等会儿船靠岸时，我就从这个刻记号的地方下水去把剑找回来。"船靠岸时，他就这样去找剑，结果自然没有找到。

刻舟求剑，是一种刻板的、不知变通的思维方式。有时候我们的思想就像那把剑，环境的大船已经变了，而我们却还在那里原地不动，有时候我们也会刻舟求剑。俗话说："变则通，通则久。"只要我们学会变通，许多事情都能变不可能为可能，变坏事为好事。

两个欧洲人到非洲去推销皮鞋。由于炎热，非洲人向来都是打赤脚。第一个推销员看到非洲人都打赤脚，立刻失望起来："这些人都打赤脚，怎么会要我的鞋呢？"于是，他便沮丧而回。另一个推销员看到非洲人都赤脚，惊喜万分："这些人都没有皮鞋穿，这皮鞋市场大得很呢！"于是，他想方设法引导非洲人购买皮鞋，最后他发大财而回。

第一个人不懂变通，一味钻牛角尖，总以为牛不喝水，便不能强按头。第二个人则不然，他会变通一下，给牛点盐吃，不也就能让它喝水了嘛！

关于皮鞋的由来，据说还有这样一个故事：

早期没有鞋子穿，人们走在路上，都得忍受碎石硌脚的痛苦。某一个国家，有一个太监把国王的所有房间全铺上了牛皮，当国王踏在牛皮上时，感觉双脚非常舒服。

于是，国王下令全国各地的马路上，都必须铺上牛皮，好让他走到哪里，都会感觉舒服。有一个大臣建议：不需要如此大费周折，只要用牛皮把国王的脚包起来，再绑上一条绳子固定就可以了。于是无论国王走到哪里，都感到舒服了。

故事中的大臣是聪明的，他的变通，使舒服与节约两全其美。假如我们在学习工作之余，能学会变通，随时调整自己的方向和步骤，便会有事半功倍的效果。

输赢得失真的那么重要吗

人的情绪是一个定数，腾不出空间来快乐，就会腾出空间来忧伤，不让自己变得乐观，就很容易陷入悲观。

安徒生有一则名为《老头子总是不会错》的童话故事：乡村有一对清贫的老夫妇，有一天他们想把家中唯一值点钱的一匹马拉到市场上去换点更有用的东西。老头子牵着马去赶集了，他先与人换得一头母牛，又用母牛去换了一只羊，再用羊换来一只肥鹅，又把鹅换了母鸡，最后用母鸡换了别人的一口袋烂苹果。在每次交换中，他都想给老伴一个惊喜。

当他扛着一大袋子烂苹果来到一家小酒店歇息时，遇上两个英国人。闲聊中他谈了自己赶集的经过，两个英国人听后哈哈大笑，说他回去准得挨老婆子一顿揍。老头子坚称绝对不会，英国人就用一袋金币打赌，三个人于是一起来到老头子家中。

老太婆见老头子回来了，非常高兴，她兴奋地听着老头子讲赶集的经过。每听老头子讲到用一种东西换了另一种东西时，她都充满了对老头子的钦佩。她嘴里不时地说着："哦，我们有牛奶了！""羊奶也同样好喝。""哦，鹅毛多漂亮！""哦，我们有鸡蛋吃了！"

最后听到老头子背回一袋已经开始腐烂的苹果时，她同样不愠不恼，大声说："我们今晚就可以吃到苹果馅饼了！"

结果，英国人输掉了一袋金币。

从这个故事中我们可以领悟到：不要为失去的一匹马而惋惜或埋怨生

活，既然有一袋烂苹果，那就做一些苹果馅饼好了，这样生活才能妙趣横生，和美幸福，这样，你才可能获得意外的收获。

生命有得到是正常的，有失去也是正常的，如果你紧紧抓住失去不放，得到就永远也不会到来。放下失败，抓住成功，就可以让生命重放光彩。而这一切，需要你有一颗淡泊名利得失、笑看输赢成败的心。个性乐观的人对得失看得很淡，他们认为"得"是劳作的结果，无论劳心劳力，"得"都是心愿的实现，了了心愿，却难免会失去追求。得到功名利禄的时候，满心喜悦，但同时也失去了沉思与警醒；得到婚姻的时候，爱情的光芒免不了黯淡；得到虚荣的时候，灵魂却在贬值；失去最爱的时候，便得到永恒的寄托；失去依赖的时候，便得到人生必备的磨砺；失去憧憬的时候，便得到现实的选择。

人生就是一场游戏，有时你会赢，有时则会输。你应该训练自己掌握游戏的规则，这样你就会尽可能多地在游戏中获胜。两个工程师合作承担了一个研究项目，在项目即将完成时，他们做了一次试验，结果，出乎意外地失败了，他们从中发现了一些以前未曾预见的问题。面对挫折，一位工程师陷入了深深的自责之中，甚至怀疑自己是否还有完成这项研究项目的能力，而另一位工程师却为此感到欣慰：幸好现在及时发现了问题，这样可以在这个项目投入实际运作时避免许多错误。

毫无疑问，只有抱着积极的心态，才能使你有勇气迎战突如其来的挫折，不被挫折所击垮。也只有这样，你才能从挫折中获取有益的经验和教训，继续走上成功的道路。

对得与失的认知，看似平淡，却折射出一种对人生使命的思考，对物质和精神关系的透彻理解。人的一生，就是得与失相互交织的一生。得中有失，失中有得，有所失才能有所得。一个人为了实现自己的人生目标，体现自己的人生价值，暂时放弃一些物质上的享受，去追求让更多的人过上舒适幸福的生活，这种精神不仅让人尊敬，而且那种目标达成后的精神愉悦，是一般人所体验不到的，是超越物质的更高层次的精神满足和享受。

品味生活中一点一滴的快乐

品味生活的快乐是从小处着眼，不要因为事情小而忽略了别人对你的关爱。

爸爸问女儿："你快乐吗？"女儿答："快乐。"

爸爸让女儿试着举例，女儿说："比如现在呀。"当时晚饭后，他陪女儿一起登上楼顶，仰卧观天上的星星。这只是一件平常的小事，我们差不多每个人小时候都有类似的经历，都有无数这样的快乐时刻。

爸爸让女儿再举例，女儿说，比如妈妈爱用茶叶水洗枕头，每每睡觉时都有淡淡的茶叶香味。还有妈妈在刚刷完油漆的屋子里放些菠萝，风一吹整个屋子就充满了芳香的菠萝味了。

这些本是生活中极其平常的小事，谁也无心去在意这些，可我们却难得有这样的快乐体会，只能到遥远的童年去寻找这样的感动。

这段故事是收音机曾经播出的，听完之后，总是让人萌生一种感动。生活中原来时时刻刻充满了快乐，这快乐来自于生活的细枝末节，只要用心去品味，快乐同样有色香味，同样可观可闻可吃可品。

有这样一个故事：一个欲离婚的女子厌烦了现有的琐屑生活，但她一直对其外祖母的快乐和谐生活充满了好奇。有一天她终于忍不住打开了外祖母的日记，原来里面记录着外公为她洗了多少件衣服，吻过她多少次，洗过多少次脚……相信任何读到此处的人都会吃惊，原来生活中的琐屑小事便是快乐的源泉。

生活是由一件件的琐碎之事连缀而成的，这根线上的点点滴滴都连接着快乐的纽扣。仔细品味着琐碎的每一点每一滴，你都会觉得生活更加丰富多彩。

品味生活要多想些美好之处。因为生活毕竟不是只有鲜花，时时充满阳光。我们要想成功地走出郁闷和哀愁，就要多思考生活中美好的一面，从中品味幸福。比如，下班了，妻子做好的可口饭菜，这就是一种快乐，不要因为她时常埋怨而自懊自恼，也不要因为她的心胸狭隘而自怨自艾。再如，生病了，同事都带着礼物来看望你，应该感到他们对你的关心，而不应过多考虑他们是否怀有其他目的。

一滴水珠可以折射出太阳的光辉。品味生活的快乐是从小处着眼，不要因为事情小而忽略了别人对你的关爱。你上班迟到了，同事帮你打扫了地板，擦干净了桌子；下雨了，有人将伞伸到你上面的领空与你共享；当你向朋友借钱，哪怕发生屠格涅夫《兄弟》中的"我"遇乞丐的情景也无所谓。所有这些都是生活的一部分，都值得我们深深地怀念，让我们感动。

凡事要往好处想

凡事往好的方面想，自然会心胸宽大，也较能接纳别人的意见。宽大的心胸，不但可以使人由别的角度去看事情，更能使自己过上悠然自得的日子。

常在商店中见到一尊佛像，但这尊佛像与其他的佛像大异其趣。他光着大肚皮坐卧于地，咧嘴露牙地捧腹大笑，看起来特别具有亲和力及喜悦感。他便是"大肚能容，容天下难容之事；开口便笑，笑天下可笑之人"的弥勒佛。

弥勒佛之所以有令人敬服的特质，就在于他的"豁达大度"。一件事有许多角度，如有好的一面，亦有坏的一面，有乐观的一面，亦有悲观的一面。就好比一个碗缺了个角，乍看之下，好似不能再用；若肯转个角度来看，你将发现，那个碗的其他地方都是好的，还是可以用的。若凡事皆能往好的、乐观的方向看，必将会希望无穷；反之，一味地往坏的、悲观的方向看，定觉兴致索然。外甥女只有三岁，晚餐时，每每执着汤匙要"自己来"，但次次皆被她母亲夺走，她母亲通常的回答是："你还不会。"当我下次再造访她们家时，外甥女竟改口道："你帮我。"由此可见，孩子的热情被一而再、再而三地浇灭后，便容易产生依赖性。久而久之，将变成一个怕做错事而受责骂、缺乏自信的人，等到将来长大，自然会畏畏缩缩，没有勇气尝试突破困境。

有一回，释尊的一位大弟子被一位婆罗门侮辱，但他对于婆罗门的辱骂只是充耳不闻，未予理会。因为他知道，一个会以辱骂别人来凸显自己的人，在个人的修养和品行上都有问题。婆罗门见到他无端被自己辱骂，不但没有生气，而且微笑地答辩，真不愧是圣者，终于自知理亏愤愤地离开了。这便是豁达，即佛家所谓的圆融。

豁达一些，也要大度一些。就拿鞋子来说吧，我们买鞋子都知道要多预留一点空间，否则穿久了，脚会因和鞋子摩擦得太厉害而起水泡，甚至磨破皮，以致痛苦难忍。又如，赴约应提早五分钟或十分钟到场，一定会比剩一分钟赶到的心情轻松多了。

我们都有过这种经验，就是盛怒之后再反省便会发现："我当时也可以不必那么愤怒的，其实事情也不是那么严重，不知道他（受气者）现在的感受如何？"但当遇到那种使人愤怒的情景时，往往会按捺不住怒火。于是，我们必须通过日常生活不断地磨炼自己，使自己也拥有化解、疏导愤怒的智慧和能力。由于我们不是顿悟的圣者，便只有靠着"时时勤拂拭，勿使惹尘埃"的工夫，使自己臻于能忍辱、能容人的境界。是的，希望我们都能在生命之河的洗礼中，慢慢磨去我们不知足的坏习性，使我们也能迈向圆融的人生。

我们应该效法弥勒佛笑口常开的个性，并学习他用积极开朗的态度去解决一切问题。在这充满争斗的繁华世界之中，唯有以最自然无争的处世态度，并处处流露服务他人的意念，才能散发人性至真、至善、至美的光辉。

西谚有云："当你笑时，全世界都跟着你笑，当你哭泣时，只有你一个人哭泣。"

如果你想要福气的话，在每天出门时就多练习笑容吧！

嫉妒别人的同时，你忽略了自己所拥有的

平凡之人自有平凡之人的快乐幸福，既然你不是别人，就不必羡慕别人，更不该无视身边点滴的快乐。

每个人都有自己的生存状态，不必羡慕别人，也无须妄自张狂，热爱自己的生活方式，并用适当的方式来告诉人们"我活得很好"，这是一种乐观而自信的心态。

蔷薇和鸡冠花生长在一起。有一天，鸡冠花对蔷薇说："你是世上最美丽的花朵，神和人们都十分喜爱你，我真羡慕你有漂亮的颜色和芬芳的香味。"蔷薇回答说："鸡冠花啊，我仅昙花一现，即使人们不去摘，也会凋零，你却是永久开着花，青春常在。"

事物各有所长，也各有所短，不必羡慕别人有你所没有的东西，因为你也有别人所没有的东西。

在河的两岸，分别住着一个和尚与一个农夫。

和尚每天看着农夫日出而作，日落而息，生活看起来非常充实，令他相当羡慕。而农夫也在对岸，看见和尚每天都是无忧无虑地诵经、敲钟，生活十分轻松，令他非常向往。因此，在他们的心中产生了一个共同的念头："真想到对岸去！换个新生活！"

有一天，他们碰巧见面了，两人商谈一番，并达成交换身份的协议，农夫变成和尚，而和尚则变成农夫。

当农夫来到和尚的生活环境后，这才发现，和尚的日子一点也不好

过，那种敲钟、诵经的工作，看起来很悠闲，事实上却非常烦琐，每个步骤都不能遗漏。更重要的是，僧侣刻板单调的生活非常枯燥乏味，虽然悠闲，却让他觉得无所适从。

于是，成为和尚的农夫，每天敲钟、诵经之余都坐在岸边，羡慕地看着在彼岸快乐工作的其他农夫。至于做了农夫的和尚，重返尘世后，痛苦比农夫还要多，面对俗世的烦忧、辛劳与困惑，他非常怀念当和尚的日子。

因而他也和农夫一样，每天坐在岸边，羡慕地看着对岸步履缓慢的其他和尚，并静静地聆听彼岸传来的诵经声。这时，在他们的心中，同时响起了另一个声音："回去吧！那里才有真正适合我们的生活！"

每个人都有自己必经的历程，其中的辛苦与甜美只有自己感受最深刻。只有你亲自栽种的花朵，你才知道其特性与培植的感受，当花朵嫣然绽放时，你才能感受到成功的欣喜，也只有你才懂得欣赏。

或许你羡慕别人的生活比你快乐，你认为他人的日子过得比你好。然而，你并没有看到他们生活中的另一面。人们都不愿让别人看到自己弱的一面，不愿让人觉得自己活得比别人差，所以，展示在别人面前的大多只是虚华的一面，而不是艰苦努力的一面。不必羡慕别人的美丽花园，因为你也有自己的乐土，只要你用心耕耘，眼前的这片花圃，终会有花团锦簇、香气四溢的一天。

我们经常听见朋友间的抱怨："你的生活过得真好，不像我，每天都得面对老板的唠叨……"但是，你怎么知道朋友的生活过得有多好？别只看事情表面，你没有经历过对方的工作，更没有经历过对方的生活，自然也看不见他们辛苦的一面。就像我们只看得见成功者的笑容，却看不见他们奋斗的过程中曾经流下的眼泪。

不必羡慕别人工作时的笑容，那也许只是苦中作乐；不必羡慕别人有车有房，如果你只是羡慕，那你得羡慕一辈子，临死前，还在羡慕别人死后有别墅一样的墓地；更不必羡慕别人有佳人、帅哥相陪，好好地爱着你身边的人，也许他（她）平实如食之无味的馒头，但却可以充饥，且每一口都透着爱的温馨和热气。

世界那么大，每个人都有各自的选择和之所以那样选择的道理，自成一派多好。

朋友在快乐大道上等你

世间最美好的事情，莫过于有几个头脑聪明、人品正直的朋友。朋友可以分担你的烦恼，带给你快乐。

俗话说："在家靠父母，出门靠朋友。"此话说得很好，出门在外，没有几个能够托付身心的朋友，人生岂不太孤立无援了？培根说："缺乏真正的朋友，仍是最纯粹、最可怜的孤独。"的确，没有友谊、没有关心、没有爱的人生是不幸的。

在现代社会，"相交喻于利"，人际关系越来越建立在各自利益的基础上，而那种互相勉励、互相帮助、患难与共的兄弟般的情谊已日渐稀少。这或许正是现代人生活富有却十分孤独的原因所在吧！

有一位在外企工作的职业经理谈到友谊时曾说："我真希望为自己找一个知心朋友，我有不少生意场上的朋友，但无一是可称得上知己的，我感到十分孤单。偶尔心血来潮，毫无缘由地打电话，结果仅仅是问个好，谈天说地的事从来没有过——根本就没有这样的对象。没有朋友，没有友谊，陷在孤单的旋涡中。这真是现代人的悲哀！

敞开友谊之门吧，很多时候，我们抱怨孤独，抱怨没有真正的朋友。其实，是我们自己先把自我封闭在一个狭窄的世界里了，假如你不先伸出友谊的手，却希望人家来握你的手，何异于想"在沙漠里抓鱼"呢？敞开你的心扉，主动结交一些真正的朋友。当你孤独时，当你烦恼时，不妨打个电话给朋友，不妨邀朋友一块散散步，或是共进晚餐，或是亲自去看望一下久违的朋友……做完这一切后，或许你会突然发现：有个朋友真好！和别人不能说的话，和朋友却可以说；有了困难，还是朋友鼎力相助；自己卧病在床，是朋友手捧鲜花前来探望……友谊使我们领略到了生命的意义。

对于友谊，我们应认清什么是真正的朋友。在交友时，应多交益友，而不应与唯利是图的小人或酒肉之徒结为朋友。李白有诗云："人生贵相知，何必金与钱。"建立在金钱关系上的朋友不可靠，人之相知，贵在知心，正所谓"浇花浇根，交友交心"。真正的朋友，当你走投无路的时候，能够给你有力的鼓励，而当你趾高气扬的时候，也敢于为你"浇冷水"；真正的朋友，是不会张口就是友谊，闭口就是义气。他们不会向你提什么要求，却会在你困难时挺身而出。与有见识的朋友结交，与敢进直言的朋友结交，实乃是人生的一大幸事。交友能达到这种境界，你就可以慨叹"人生得一知己足矣"了！

庄子云："君子之交淡如水，小人之交甘若醴，君子淡以亲，小人甘以绝……"貌似淡如清水的友谊，其实是最忠诚可靠的。这样的友谊，真是恰似陈年老酒，身处其中，你会越品越浓，越品越香！

第七章 乐观一点，你才不会忧郁

第八章

学会忍耐，
不要用别人的错误来惩罚自己

古人云："忍一时风平浪静，退一步海阔天空。"在别人犯错的时候，你要学会忍耐，千万不要动怒，不要拿别人的错误来惩罚自己。

忍耐是一种风度

任何粗鲁的行为都只能在一定条件、一定范围内才能被人们所容忍。当你的粗鲁与你所处的地位不相符时，人们就会对你进行攻击。如果过去的修养太差，社会地位上升了，你应该加强修养，以完成角色的转变。如果一个人没有自我修养的品质，即使他具备其他一切成功者的素质条件，也是毫无价值的。可是巴顿不明白这一点。

1943年7月，在巴顿晋升为上将之际，有士兵检举了轰动舆论界的巴顿打人事件。

"巴顿走到另一病号前，他问道：'你有什么病?'病号开始抽泣，'我的神经不好。'巴顿又问：'你说什么?'答曰：'我的神经不好，我听不得炮声'。

"将军大吼：'去你的神经，你是个胆小鬼，你是狗娘养的！'然后他给了他一个耳光，并说，'不许这龟儿子哭泣，我不允许一个王八蛋在我们这些勇敢战士面前抽泣。'他又一次揍了那病号，把病号的军帽丢至门外。同时又大声对医务人员说，'你们以后不能接受这些龟儿子，他们一点事也没有，我不允许这种没有半点汉子气的王八蛋在医院内占位置。'

"他再次回头对病号吼道：'你必须到前线去，你可能被打死，但你必须上前线。如果你不去，我就命令行刑队把你毙了。说实在的，我本该现在就亲手把你毙了。'"

这件事情很快被揭发，于是引起了美国国内的极大反响。好些士兵的母亲要求撤巴顿的职，有一个人权团体还要求对巴顿进行军事审判。尽管后来马歇尔从大局出发，决定大事化小，小事化无，但打骂士兵使巴顿声名狼藉。这种轻率、浮躁的作风以及政治上的偏见为他埋下了战后被撤职的祸根。

我们对人不满意的时候，就会生气；我们想起别人对不住我们的事情，就会忌恨。我们为什么忌恨，是别人有对不住我们的地方吗？没有。我们只是把别人的过错拿来惩罚自己，我们把别人的过错拿来折磨自己，所以我们才怨恨。这是一种聪明还是一种笨呢？我们天天就在做这种笨事。

我们一定要克制自己，修养的一个要则就是自我约束。这个要则并非组织纪律，而是自觉追求。这种自觉，需要极大的克制力。在很多情形下，思想稍一放松，就会产生动摇。别人议论你过失的时候，你能不能仍然坚持不在背后谈论别人的过失；别人对你产生误解，甚至恶语相加的时候，你还能不能善待对方；别人在挥霍浪费的时候，你能不能艰苦朴素？自觉者的可贵，就在于他们具有一种清清楚楚的是非观念：知道哪些是应该做的，哪些是不应该做的；哪些是可以做的，哪些是不可以做的。

让一步是一种雅量

无须多加论证，作为一个理智健全的人，特别是一个希望逐渐完善自己人格的人，总是要有点雅量的。雅量，是衡量一个人成熟与否、修养程度高低的重要标尺之一。

当你手握足以致人哑口无言的权柄，身处令人赞不绝耳的高位，而面对尖锐的批评逆语，你是否能够做到不怒目横扫、暴跳如雷呢？

《尚书》说：必定要有容纳的雅量，道德才会广大；一定要能忍辱，事情才能办得好。如果遇到一点点不如意，便立刻勃然大怒；遇到一件不称心的事情，立即气愤感慨，表示这人没有涵养，同时福气浅薄。所以说："发觉别人的奸诈，而不说出口，有无限的余味！"

应该承认，有些高贵品格是普通人毕生企望但仍根本不可能达到的，可人的雅量却是完全能够通过修炼而得到甚至可做到"随心所欲"的。不信的话，只要有意识地试一试便知真假。

人难免会与十分讨厌的人狭路相逢，尽管有人可以装作很随便的样子，竭力扮潇洒样扬长而去。但很多有雅量的人不会那样去做，而是没有丝毫装模作样地缓缓笑迎着对方漠然的脸孔和布满疑惑的眼神，坦然地擦肩而过。这些人轻松地抹去了粗鲁的伤害与侮辱的阴影，用友好的阳光装满了雅量的酒杯，小抿一口，自是清香浓烈。当不期而遇的挫折、误解、嘲笑等迎面而来时，相信并依靠个人的雅量吧，那是驱逐并能够战胜这一切烦恼和痛苦的忠实朋友。

忍一时才能成一世

大凡胸怀大志，打算轰轰烈烈干一番事业的人，都能屈能伸。这就好比一个矮小的人，要登高墙，必须要寻找一架梯子作为登高的台阶，假如一时寻找不到梯子，那么，即使旁边有一个马桶，未尝不可利用作为进取的阶梯。假如嫌它臭，就爬不到高墙上去。当初，张良、韩信就是刘邦的梯子，韩林儿就是朱元璋的马桶。

韩信年少时曾受过胯下之辱，但他并不是懦夫。他之所以忍受这样大的屈辱，是因为他的人生抱负太大了，小不忍则乱大谋。后来跟随刘邦逐鹿中原，风云际会，先后做过齐王和楚王。在他与部下谈起这件事时说：难道当时我真没有胆量和力量杀那个羞辱我的人吗？当然不是。而是如果杀了他，我的一生就完蛋了，我忍住了，才有今天这样的地位和成就。

人们在制定理想目标时，往往在实践过程中都会遇到这样那样的困难和挫折，致使其气愤、胆怯、自卑、情绪冲动、灰心丧气、意志动摇等，立志愈高，所遇到的困难就愈大，若能做到"猝然临之而不惊，无故加之而不怒"，这就是大丈夫能屈能伸、乐观坚毅精神的表现。

苦难是一种前兆，也是一种考验，它选择意志坚韧者，淘汰意志薄弱者。要达到奇伟瑰丽的人生境界，要成就任重道远的伟业，必须具有远大的志向和极端坚韧的品质。

一场大雪过后，树林里出现了有趣的现象，只见榆树的很多枝条被厚厚的积雪压得折断了，而松树却生机盎然，一点儿也没有受到伤害。原来，榆树的树枝不会弯曲，结果冰雪在上面越积越厚，直到将其压断，实在是备受摧残。而松树却与之相反，在冰雪的负荷超过自己的承受能力时，便会把树枝垂下，积雪就掉落下来。松树树枝因能向下，使雪易滑落，所以枝干依旧挺拔，巍然屹立。能屈能伸，刚柔相济，正是这种气度和风范使松树能够经受一场场暴风雪的洗礼。

人生的际遇是变化无常的，当你在遇到困难走不通时，或许退一步就会海阔天空；当你在事业一帆风顺的时候，一定要有谦让三分的胸襟和美德，应该把功劳让与别人一些，不要居功自傲，更不要得意忘形。该进则进，该退则退，能屈能伸。

富兰克林小时候到一位长者家里去拜访，去聆听前辈的教诲。没料到，他一进门头就在门框上狠狠地撞了一下。身材高大的富兰克林疼痛难忍，不停地用手揉着自己头上的大包，两眼瞪着那个低于正常标准的门框。出门迎接的长者看到他那副狼狈不堪的样子，忍不住笑起来："年轻人，很痛吧？这可是你今天来这儿最大的收获。"

一个人要想在世上有所作为，"低头"是少不了的，低头是为了把头抬得更高。现实世界纷纭复杂，并非想象中那么一帆风顺，面对人生旅途中一个个低矮的"门框"，暂时的低头并非卑屈，而是为了长久地抬头；一时的退让绝非是丧失原则和失去自尊，而是为了更好地前进。缩回来的拳头，打起人来才有力。只有采取这种积极而且明智的方法，才能审时度势，通过迂回和缓而达到目的，实现超越。对这些厚重的"门框"视而不见，傲气不敛，硬碰硬撞，结果只能是头破血流。

富兰克林终生难忘前辈的忠告，将"学会低头，拥有谦逊"作为自己生活的准则和座右铭，并且身体力行，后来终成大器，卓有建树，被誉为"美国之父"。

第八章 学会忍耐，不要用别人的错误来惩罚自己

"能屈能伸"才是你的智慧

生活在纷繁复杂的大千世界里，和别人发生着千丝万缕的联系，磕磕碰碰，出现点摩擦，在所难免。此时，如果仇恨满天，得理不饶人，后果只能是两败俱伤，鱼死网破，但如果采取忍让之道，则会"退一步海阔天空，忍一时风平浪静"。哪个更划算，不言自明。

中国历史上，凡是显世扬名、彪炳史册的英雄豪杰、仁人志士，无不能忍。人生在世，生与死较，利与害权，福与祸衡，喜与怒称，小至自身，大至天下国家，都离不开忍。现代社会中，许多事业上非常成功的企业家、金融巨头亦将忍字奉为修身立本的真经。因而，忍是修养胸怀的要务，是安身立命的法宝，是众生和谐的祥瑞，是成就大业的利器。

忍是一种宽广博大的胸怀，忍是一种包容一切的气概。忍讲究的是策略，体现的是智慧。"弓过盈则弯，刀过刚则断"，能忍者追求的是大智大勇，绝不做头脑发热的莽夫。

忍让是人生的一种智慧，是建立良好人际关系的法宝。

《寓圃杂记》中记述了杨翥的故事。杨翥的邻居丢失了一只鸡，指骂说是被杨家偷去了。家人气愤不过，把此事告诉了杨翥，想请他去找邻居理论。可杨翥却说："此处又不是我们一家姓杨，怎知是骂的我们？随他骂去吧！"还有一邻居，每当下雨时，便把自己家院子中的积水引到杨翥家去，使杨翥家如同发水一般，遭受水淹之苦。家人告诉杨翥，他却劝家人道："总是下雨的时候少，晴天的时候多。"

久而久之，邻居们都被杨翥的宽容忍让所感动，纷纷到他家请罪。有一年，一伙贼人密谋欲抢杨翥家的财产，邻居得知此事后，主动组织起来帮杨家守夜防贼，使杨家免去了这场灾难。

春秋五霸之一的晋文公，本名重耳，未登基之前，由于遭到其弟夷吾的追杀，只好到处流浪。

有一天，他和随从经过一片土地，因为粮食已吃完，他们便向田中的农夫讨些粮食，可那农夫却捧了一捧土给他们。

面对农夫的戏弄，重耳不禁大怒，要打农夫。他的随从狐偃马上阻止了他，对他说："主君，这泥土代表大地，这正表示你即将要称王了，是一个吉兆啊！"重耳一听，不但立即平息了怒气，还恭敬地将泥土收好。

狐偃身怀忍让之心，用智慧化解了一场难堪，这是胸怀宽广的表现。如果重耳当时盛怒之下打了农夫，甚至于杀了人，反而暴露了他们的行踪，狐偃的一句忠言，既宽容了农夫，又化解了屈辱，成就了大事。

忍让是智者的大度，强者的涵养。忍让并不意味着怯懦，也不意味着无能。忍让是医治痛苦的良方，是一生平安的护身符。

生活中许多事当忍则忍，能让则让。善于忍让，宽宏大量，是一种境界，一种智慧。处在这种境界中的人，少了许多烦恼和急躁，能获得更加靓丽的人生。

你的竞争对手不是你的敌人，事实上，你与他们有更多的相似之处而不是差异。一个没有偏见的企业领导人明白，一个好的竞争对手有助于定位市场和传播行业的正面信息。

把你的竞争对手视为对手而非敌人，将会更有益。你一旦把事情定性为"他们反对我"，一旦将世界划分为朋友和敌人，一旦对敌人的行动采取抵御措施，那么，对你的敌人而言，你也会成为他们的敌人，同时你也会成为自己平和心态的敌人。

在军事谋略中，十分强调利用对手的能量保卫自己。在自卫或者竞争的经营环境中，如果你总是处于进攻的状态，那么就会削弱自己的战略地位。如果你随机应变，后退一步，就能够创造性地对许多不同的竞争状况作出反应。

最近在信息高度透明的某一行业，有一家公司开始大幅度降价，以此来削弱别人。大多数竞争对手十分愤怒："他们怎么可以这么做？他们打算做什么，毁了我们？破坏整个行业？"自然地，他们也开始进攻，降价更多，价格战于是无休止地持续下去。

然而，有一家公司却利用这场激动人心的价格战的机会，采取了不同的做法。它只是稍微地降价，然后提供几项增值服务，包括为销售代表举办研讨班，同其他公司合作进行交叉促销等。当然，所有这些服务都增加了公司的成本，但怎么也比不上单纯降价所导致的成本高。

此外，等到价格战结束之后，该公司已经扩大了市场份额，并且由于顾客认为可以从该公司的增值服务中收获很多，该公司因而可以适当地提高价格。总之，该公司通过利用竞争对手产生的能量而大大获利。

如果你不保持敏捷，那么就会像许多大公司那样，由于自身力量是如此强大——而且公司的政策也加剧这种力量——以至于束缚了员工的创造力，从而饱受竞争之苦，如IBM、AT&T和通用汽车公司（GM）等。

自然界所有的事物都知道如何以及何时作出屈服。遭遇强风时，树枝的明智之举是弯曲而不是逆风折断。在飓风中，棕榈树会以任何方式向地面弯曲，之后又迅速恢复到笔直的状态。屈服也可以说是一种胜利，懂得如何屈服的最大好处在于，当你取得胜利的时候，你的对手不会感到被击败。

有忍才能有和

和，是儒家所倡导的伦理、政治和社会原则，在奴隶社会中，各等级之间的区分和对立是很严肃的，其界限丝毫不容紊乱。上一等级的人，以自己的礼节显示威风；下一等级的人，则怀着畏惧的心唯命是从。到春秋时代，提出"和为贵"，其目的是为缓和不同等级之间的对立，使之不至于破裂，以稳定当时的社会秩序。

有一老翁，有儿媳各三，但一家相处融洽，终年不见有争吵。一日闲聊时，老翁谈起与儿媳的相处之道。他举例说，一次大儿媳煮点心，先盛一碗给他，并半征询半内疚道："刚才我好像放多了盐，不知您会不会觉得咸了点？"老翁吃了一口，即答："不咸！不咸！恰到好处呢！"此后的一次，三儿媳煮点心时也给他送去一碗，说："我一向吃得较为清淡，不知您口感如何？"老翁喝了口汤，忙答道："很好很好，正合我口味。"结果自然是皆大欢喜。

忍让是通向幸福的光明大道。家庭中的矛盾、分歧很少有原则性的分歧。这时若能以"忍"字为先，不予计较，表示谦让，矛盾也就烟消云散了，不然的话，就会激化矛盾。其实，是咸是淡，好吃难吃，都不重要，重要的是人与人相处时那种和乐的气氛。

战国时代有一则著名的故事：

赵武灵王时，邯郸有一条小胡同叫"回车巷"，宰相蔺相如为了国家的利益，几次忍辱在这条小街上避让大将军廉颇的马车，后来廉颇知错即改，负荆请罪，留下了千古佳话"将相和"。

　　这充分说明一个人的忍能得到大环境的和，而和能立业，和能兴邦，和能增长国民志气，和能凝聚国家无坚不摧的力量。所以忍是基础，忍是和的先决条件。只有先忍，才能实现整个大环境的和。

别人的错误不能让我们埋单

德国古典哲学家康德曾说："发怒，是用别人的错误来惩罚自己。"我们在一旁生气，那个让我们生气的人就会因为我们的生气而被惩罚吗？他就一定会因为我们的生气而改正错误吗？与其用别人的错误来惩罚自己，不如让自己放宽心，去忽略那些扰乱自己心灵的浮尘。错误是由他人造成的，不在我们自身，所以不该由我们来承受这份气，理解了这些，心情就会豁然开朗。

有位卖菜的妇女，生意一直不错，但没过多久，一位卖菜老汉把她的摊位抢占了，妇女见对方是上了年纪的人，就没和他计较，将自己的摊位移到老汉的旁边。没想到，老汉竟然将菜价调得比她的低，结果就把她的大部分生意给抢走了。这位妇女气不过就和老汉理论，说着说着两人就吵了起来，吵了半天也没吵出个结果。回到家后，这位妇女越想越生气，就把这件事和丈夫说了。

第二天，这位妇女和她丈夫便一起来到市场，找老汉"算账"，丈夫把老汉揍了一顿，为妻子出了气。由于老汉受了点轻伤，其家人就报了警，经民警调解，这位妇女和她的丈夫赔偿老汉医药费等共1000元。

事后这位妇女觉得这钱赔得冤枉，越想越觉得心里窝火，就来到居民楼上，想跳楼自杀。后经民警半个多小时苦口婆心地劝说，才放弃了跳楼的念头。

有时候别人的错误固然可恨，但如果我们一味地沉浸在这种情绪之中，而不是自我调节，大多数时候是无济于事的。当我们不考虑任何实际情况，当愤怒越发激烈，甚至融入行动时，就会引发不必要的伤害。

所以，面对他人的过错，我们是没必要生气的。可以反过来想一下：既然错误在他，为何自己要生气？别人犯了错，而自己去生气，岂不是拿别人的错误来惩罚自己？我们没必要为那些不属于自己又会烦扰到自己身心的事儿停留哪怕片刻，多一秒停留便会多一秒烦扰。

要知道，在生活中，生别人的气，不是在惩罚他人，而是在惩罚自己。面对他人的过错，能够做到不生气的人，才是生活的智者。

在自己的心中栽一棵忍耐之树

有句话说得好：一个人要想运势好，他的性格首先要好。你不能总是让别人跟你在一起感觉不舒服，这样做人就缺少亲和力，所以人在有自知之明之后能够像古人说的那样每日"三省吾身"很重要，不能总是自我感觉太好，自我感觉好的人其实很吃亏。

有一位朋友开车去上班，突然，马路上杀出一个醉汉拦住了他的车，非说自己被撞了并让朋友下车道歉。这在以前，他会上去给醉汉两拳，这一次他却没有。他想了想就下了车，和颜悦色地对醉汉说："对不起，请你原谅我。"那位醉汉拍了拍他肩膀说："哥们儿，冲你这句话，走人。"他回到车上，一点儿也没觉得受了委屈，反而有一种战胜自我的愉悦感。其实，人是一条鱼，社会是一缸水，如果我们是一条热带鱼的话，那么我们必须要降自己的体温而不是希望水升温。一个有目标的人在坚持内心准则的情况下还要学会忍耐甚至是忍辱。在以退为进的策略中，我们需要告诫自己的是，要学会忍耐，坚持到底，把握最后的胜利。

一位名人曾说："真正能够成功的人，不管怎么计划，都会了解：人都有一段除了忍耐以外再也没有任何方法可通过的阶段和时期。但是最危险的是，在这期间，我们都很容易灰心。"

所以，所谓忍耐，并不是消极地等待，等着从天上掉下馅饼，而是忍受等待的痛苦，并继续努力。这就又回到了我们的主题——以退为进。

忍耐，可以成为处世的一个策略，甚至成为一种艺术。

忍耐，实际上是让时间、让事实来表白自己，这样做可以摆脱相互之间无原则的纠缠或者不必要的争吵，忍耐因此成为坚持的一个代名词。坚持和忍耐，两者也许就是分不开的，如果两者都具备，我们的生活也会因此多了一笔财富。

忍耐不是懦弱可欺，相反，它的内核是自信和坚韧的品格。古人讲，"忍"字至少有如下两层意思：其一是坚韧和顽强。晋朝朱伺说："两敌相对，惟当忍之；彼不能忍，我能忍，是以胜耳。"这里的忍是顽强的精神体现。其二是抑制。宋代爱国诗人陆游，胸怀"上马击狂胡，下马草战书"的报国壮志，不也写下过"忍字常须作座铭"以自勉吗？汉代韩信深知"包羞忍耻是男儿"，大庭广众之下从别人的胯下钻过去，这自然是奇耻大辱，但若不是这么做，会有日后的封侯拜将吗？种种和忍耐有关的故事之中，凝聚的不正是主人公顽强、坚韧的可贵品格吗？又有谁说他们懦弱可欺呢？"凡事得忍且忍，饶人不是痴汉，痴汉不会饶人。"很显然，忍让并不是完全被动地退让，而是主动有意识地忍耐。这种忍耐，是一种生活哲学。

在你心中的庭院，培植一棵忍耐的树，虽然它的根很苦，可是果实一定是甜的。在忍耐时期，你要努力把根扎得很深很深，汲取养料，让你的树干在不知不觉中成长，最终你将得到甘甜的果实。

遭遇不公平的时候，咽下一口气

每个人都会遭受不公平的待遇，这对我们的心理承受能力是一种考验。如果我们选择咽下一口气，用平和的心态去面对，那么我们不仅不会因此而生气，还会收获很多。懂得适时咽下一口气的人，才能拥有一颗宽容的心、一个从容的人生。

有位年轻人毕业后被分配到一个海上油田钻井队工作。在油田工作的第一天，领班要求他在规定的时间内登上几十米高的钻井架，把一个漂亮的盒子交给在井架顶层的主管。年轻人抱着盒子，快速登上狭窄的旋梯，当他满头大汗地登上顶层，把盒子顺利交给主管时，主管只在盒子上挥笔签上自己的大名，便吩咐他送回去。

于是，他又快速按原路返回，把盒子交给领班，领班同样也是挥笔在盒子上签下自己的名字，让他再次将盒子送给主管。就这样，年轻人来来回回一共送了三次，他都极力克制着自己。当他第四次爬到顶层把盒子交给主管时，主管慢条斯理地说："请你打开盒子。"年轻人打开盒子——两个玻璃罐：一罐是咖啡，另一罐是咖啡伴侣。年轻人对主管怒目而视。主管接着说："把咖啡冲上。"此时，年轻人再也无法忍受了，"啪"的一声把盒子重重地砸在地上，说："我不干了。"看着扔在地上的盒子，年轻人感到痛快极了，之前的愤怒终于发泄出来了。

这时，主管对他说："你终于可以走了。在你走之前，我想告诉你，刚才让你做的这些叫作'承受极限训练'，因为海上作业时危险随时会发生，所以队员们需要有极强的承受力，只有这样才能适应海上作业这项工作。很可惜，前面三次你都通过了，但是最后只差一步，你没有喝到自己亲手冲的甜咖啡，走吧。"

其实很多时候，成功离我们只有一步之遥，迈过去，迎接你的就是光明的未来。但往往许多人在禁受住了前面的诸多磨炼之后，在最后一关的考验中败下阵来，没有学会适时地咽下这口气，没有坚持到终点，没有忍耐到最后一刻，成功就因为这一时愤怒的爆发而远去。

小不忍则乱大谋

自古以来，人们都把忍辱负重称为担当大任的美德。纵观古今成功人士之道，许多都是因忍而成就事业的。

忍辱负重一直是中国人的传统美德。

唐朝第三个皇帝唐高宗即位后，一直受到皇后武则天的限制。有一次，高宗在巡幸途中，遇到一个好几百人同堂的大家族，大家生活在同一个屋檐下，却没有任何风波，十分和睦，这在当时实属少见。因此，高宗特地去拜访了这个家庭，向他们请教家族和睦的秘诀。

于是族长取来纸和笔，一连写了一百多个"忍"字，意即大家族和乐的秘诀除了"忍"字以外别无他法。高宗看后深有同感，赐给这家族很多的赏赐。

由此可见，"忍"功是天下修养第一功。无论你位有多高，权有多大，都必须学会忍让，切不可因一时之怒气而毁掉自己的大好前程。

拿到现在社会来讲，在上司把某些事故的责任推到你身上时，只要不涉及原则问题，你最好能"忍"。在日常生活中，尤其是在工作过程中，很可能会出现这样的情况，某件事情明明是上级领导耽误了或处理不当，可在追究责任时，上司却指责你没有及时汇报，或汇报不准确。

小王在公司就遇到过这样的事。

秘书科的小王在接到一家客户的生意电报后，立即向经理作了汇报。可就在汇报的时候，经理正在与另一位客人说话，听了小王的汇报后，他只是点点头，说了声："我知道了。"便继续与客人会谈。

两天以后，经理把小王叫到了办公室，怒气冲冲地质问他为什么不把那家客户发来生意电报的事告诉他，以至于耽误了一大笔生意。感到莫名其妙的小王本想向经理申辩几句，表示自己已经向他作了及时的汇报，只是当时他在谈话而忘了。可经理连珠炮式的指责使她没有插话的机会。而且，站在一旁的办公室主任老赵也一个劲儿地向小王使眼色，暗示她不要申辩。这就更弄得小王糊涂不解了。

经理发完火后，便立即叫小王走了。一块出来的老赵告诉小王，如果她当时与经理申辩，那就大错特错了。听了老赵的话，小王更是丈二的和尚摸不着头脑，弄不清其中的奥秘。事情过了很久，小王才逐渐明白了其中的道理。原来，这位经理也知道小王已经向他汇报过了，也的确是他自己由于当时谈话过于兴奋而忘记了此事。但是，他可不能因此而在公司里丢脸，让别人知道他失职，耽误了公司的生意，而必须找个替罪羊，以此为自己开脱。

所以，经理的发怒与其说是针对小王，还不如说是说给全公司听的。但是，如果小王不明"事理"，反而据理力争，这样，不仅不会得到经理的承认，而且很可能因此而被解雇。

所以说，小不忍则会乱大谋。忍辱负重其实是博大的心胸，也更是一种超人的智慧。

第九章

多包容一点，看开一点

看开一点，不要在小事上斤斤计较，要学会包容，这样你才会拥有快乐的心情和快乐的明天。

得饶人处且饶人

科学的生理方法也能够熄灭怒火：坐下来，身子往后靠。如果站着跟人吵，会使人更加紧张。

用冷水洗脸，可让人冷静下来，降低皮肤的温度，消除一部分怒气，有利于平静下来。

话尽量讲得平缓一些，自己就会变得轻松起来，气也会随之减少。

怒气会使你的颈部和肩部内的肌肉紧张引起头痛，自我按摩头部或太阳穴十秒钟左右，有助于减少怒气，缓解肌肉紧张。

默念"静、静、静"，然后深深吸气，吸气要缓慢，急了反而不舒服。充分地吸气之后，停止呼吸几秒钟，然后慢慢呼气。呼气时比吸气速度还要慢，徐徐吐出。反复做三分钟，往往会感到身心放松。每天坚持做三次，效果更好。

喝一杯热茶或热咖啡。

大声呼喊，必须是从腹部深处发出声音或高声唱歌，或大声朗诵。

自然站立或者坐在椅子上，双眼轻轻地闭合，想象天正下着毛毛雨。雨水由头顶、脸部、前胸、后背、腹部、臀部、大腿、小腿、脚部通过脚心的涌泉穴位把疲劳之气、烦闷之气排出，入地三尺。同时在整个想象过程中伴随"松、松、松"的意念。

这一切如果还不行的话，建议你使用调查法。对身边的人出现的错误或异常情况，切忌主观臆断，一定要深入调查，查明原委，再对症下药。

某中学曾经有位学生上学经常迟到，即使不迟到也是踩着上课铃声才到教室，而且喜欢参与打架。同学们对他十分不满，任课教师也大为恼火，班主任忍无可忍，上报学校要将他开除。但校长并不同意，而是要教务主任调查情况。通过调查，了解到他在学校时，老师称他为"老油条""草包""笨猪"，同学也不大去理睬他；还了解到他父母离异，判给爸爸，而爸爸又找了一个老婆，继母还带来一个小弟弟。这样的家庭导致他从小没人管，没有享受到家庭的温暖和父母的关爱，产生了破罐子破摔的念头，对周围的一切都漠然置之。了解了他的情况之后，学校中再也没有人觉得他可恶了，还特地为他召开了一次题为"自信、自爱、奋发图强"的主题班会，特意安排他多参加集体活动表现自己。这样，使他体会到了集体的温暖，认识到了自身的价值，从而改掉了身上的不良习气。

不生气的关键是你不能钻牛角尖，老往坏处想"这个人太讨厌了"或"我非得教训他一顿不可"，这样会使你更加愤怒而气上加气、不能自拔。

所以，当你遇到愤怒的刺激时，心里默念："息怒！息怒！"

当你要发脾气时，心里默念："忍！忍！忍！"

当你遇到难办的事情时，心里默念："山重水复疑无路，柳暗花明又一村。"

当你遇到紧急情况时，心里默念："镇静！镇静！镇静！"

当你遇到十分欢喜的事情时，心里默念："不要激动"。

相貌是天生的，心态是养成的

相貌是先天的，我们无法选择自己的相貌，但我们不能因为自己的相貌微瑕就失去自信。世上的事都不是绝对的，有些外表不美但智慧美、心灵美的人同样可以以其精神面貌成为强者。

战国时期的钟离春是我国历史上有名的丑女。她额头向前突、双眼下凹、鼻孔向上翻翘、头颅大、头发稀少、皮肤黑红，但她虽然模样难看，却志向远大，知识渊博。当时执政的齐宣王政治腐败，"朝政大厦，顷刻将倾"。钟离春为了拯救国家，冒着杀头的危险当面向齐王陈述国之劣政，并指出若再不悬崖勒马就会城破国亡。齐宣王听后大为震惊，把钟离春看成是自己的一面玉镜。他认为有贤妻辅佐，自己的事业才会蒸蒸日上，正所谓妻贤夫才贵。于是这个身边美女如云的国王，竟把钟离春封为王后。

貌丑惊人的钟离春不以自己的容貌而自卑，用智慧美、品德美取代了相貌丑。她之所以那么胆大，就是因为她自信。自信能给强者勇气、力量和智慧，使其敢于做别人不敢做甚至不敢想的事；自信可以使一个坐在轮椅上的残疾人与健康的同龄人并驾齐驱并超越了健康人，从大学生到博士生；自信可以使一个靠打工起家的女人成为富甲天下的老板……自信可以使人有骨气、挺起腰杆做人，面对强大的敌人毫无惧色，反而会使敌人胆怯。拥有自信，是成大事的女人必备的素质，也是人一生中最宝贵的财富。

一个女人的美与丑，并不在于她的本来面貌如何，而在于她的内心。

如果一个人自以为是美的，她真的就会变美；如果她心里总是嘀咕自己一定是个丑八怪，她果真就会变成尖嘴猴腮、目光无神、显出一脸傻相的人。

一个人如自惭形秽，那她就不会变成一个美人；同样，如果她不觉得自己聪明，那她就成不了聪明人；她不觉得自己心地善良，即使只是在心底隐隐地有这种感觉，那她也就成不了善良的人。

有这么一个例子说明了同样的道理。心理学家从一班大学生中挑出一个最愚笨、最不招人喜欢的姑娘，并要求她的同学们改变以往对她的看法。在一个风和日丽的日子里，大家都争先恐后地照顾这位姑娘，向她献殷勤，陪她回家，大家以假作真地打从心底里认定她是位漂亮聪慧的姑娘。结果怎样呢？不到一年，这位姑娘出落得妩媚婀娜，姿容动人，连她的举止也同以前判若两人。她高兴地对人们说：她获得了新生。她并没有变成另一个人，然而在她的身上却展现出每一个人都蕴藏的美，这种美只有当我们相信自己时才会展现。

近几年来，随着物质条件的不断优越，很多地方开始流行整容，这实在是追求美的误区，实在是一种女人极端不自信的表现。

有这样一个故事：一个老女人在梦中梦到了上帝，于是她便问："上帝啊，你能告诉我我能活到多大年纪吗？"上帝告诉她，她还可以活几十年。老女人一觉醒来，觉得非常高兴。于是第二天就去了美容院，做了整容手术。她想，反正是要活很久的，把自己变得漂亮一点不是很好吗？整容之后的女人果然变得漂亮极了，许多朋友都认不出她了。可是，在她整容的第二年，她就被车子撞死了。老女人的灵魂上了天堂，她生气地质问上帝："你不是说我还可以活几十年吗？"上帝看了看她说："啊，原来是你，我刚才没有认出是你啊。"

这只是一个故事，而现实中也不乏其真实的存在。一个女人和一个男人过着幸福而快乐的生活，但长期以来，这个女人一直都为自己的身材和相貌而感到自卑。即使丈夫从来没有对她说过什么，但她内心始终有一个心结。后来女人对丈夫撒谎说单位派她出国深造，其实是她想到国外去整容。两年以后，当她兴致勃勃地回到家时，面对的是丈夫的默然和疑惑。两人别扭地生活了一段时间后，丈夫提出了离婚。女人困惑而苦恼，她没想到她为他去整容，可换来的却是离婚的结果。当她问丈夫为什么不喜欢现在美丽漂亮的她时，其丈夫说，在他眼里，妻子永远是那个身材有些臃肿、下巴长着一颗痣的女人，而绝不是眼前的她。

事实上，决定一个人是美是丑，主要不是外貌，而是心灵。一个人的外貌是无法选择的，而内在的美，却是可以由自己来塑造的。再美貌的女子，也无法牵住逝去的岁月，无法红颜永驻。而内心的美，却将随着岁月的增加，心灵的日益净化，而愈加显示它的光华，受到人们的敬重。

缺陷也是一种美，不要为缺陷而忧伤

司芬克斯的鼻子胜过嘴，维纳斯的断臂胜过腿。

你是否一直都在追求完美无缺，追求完美的生活、完美的人格、完美的生命。其实缺陷也是一种美，但往往被人们忽视了。在人们心中，无缺口的富士山是完美的，假如你绕"富士山"一圈，认识它的全貌以后，你就会发现有缺口的富士山更美丽。

著名的维纳斯雕像，就是因为"断臂"才魅力无穷的。曾有好心人将她的手臂根据自己的想象做了修补，可看见的人却都说这不是维纳斯了，因为失去了她那种"残缺的美"。

法国著名雕塑家罗丹在完成巴尔扎克雕像后，一群学生看到那极富魅力的双手称赞道："这双手太美了！"罗丹听罢，沉思许久，最后拿起斧子砍掉了那双"太美的手"。他解释说，有了这双完美但又显得"过于突出"的手，有损于人物全貌，从而失去了"本质的人"。可见，残缺而真实的神韵，往往胜过完整无缺的外表华美；为求全而补上残缺，有时反会弄巧成拙，破坏了真实的美感。

很多人都看过谢尔·希尔弗斯坦画的绘本故事——《缺失的一角》。

书中的主角是一个缺了一角的圆，由于缺了一角，它总是不快乐，于是动身去寻找那失落的一角。它唱着歌向前滚动，其间有苦有乐。它因为缺了一角，不能滚得太快，它和小虫说话，闻花香，蝴蝶还站在它头上跳舞。它经历了很多，也碰到很多失落的一角，可是有的太小，有的太大，有的太尖，有的太钝……终于它找到了恰到好处的一角，太合适了！它高兴极了，因为再也不缺一角了，它滚得很快，快得都不能停下来了，它不能和小虫说话，也不能闻花香，蝴蝶也站不到它头上了……它累了，于是把那一角轻轻放下了，从容地向前滚动着……

我们每个人都是缺少了一角的，那缺失的一角，也许不够可爱，但那也是生命的一部分，我们要正视它的存在。正因为我们缺失了那一角，我们必须去认识、去找寻、去完善，那样生活才会丰富多彩。如果我们生下来就很完美，没有缺失一角，那我们还真的不知道自己要怎么发展，怎么完善，那一生都不会有什么太大的改变，也就没有多彩的人生了。

曾长期担任菲律宾外长的罗慕洛身高只有一米六三，他也像其他人一样，常常为自己个子低矮而自惭形秽。他甚至穿过高跟鞋，但这种方式只能令他心里不舒服，他感到那是在掩耳盗铃，于是便把高跟鞋彻底扔掉。然而，也正是身材矮小促使他走向了成功。因而他说："我愿下辈子还做矮人。"

1935年，罗慕洛应邀到圣母大学接受荣誉学位，并且发表演讲。同一天，高大的罗斯福也是演讲人之一。事后，罗斯福含笑对罗慕洛说："你抢了美国总统的风头。"

1945年，联合国创立会议在旧金山举行。罗慕洛以无足轻重的菲律宾代表团团长身份，应邀发表演说。讲台几乎和他同样高，等大家都安静下来时，罗慕洛庄严地说："我们就把这个会场当作最后的战场吧。"这时，全场陷入了静默，接着爆发出一阵热烈的掌声。最后，他以"维护尊严、言辞和思想比枪炮更有力量……唯一牢不可破的防线是互助互谅的防线"结束了这次演讲。全场掌声久久不息。

事后，他分析："如果是高个子讲这些话，听众可能礼貌地鼓一下掌，但菲律宾那时离独立还有一年，自己又是矮子，由我来说，就会收到意想不到的效果。"

就从那时起，小小的菲律宾国家开始在联合国中被各国当作很有资格的国家了。也正是从那时起，罗慕洛认识到了矮个子比高个子更有着某方面的天赋。矮个子起初总被人轻视，可是一旦爆发，就会一鸣惊人。

无论你存在哪种缺陷，无论你是否完美，当你处在人生的低谷，因自己某方面的缺陷而自卑时，不妨对自己说："相信自己明天就会有所作为！"这样你就会突破残缺的障碍，让你的生命迸发出更大的力量。

如果你能够认识到自己生活在一个有缺陷的世界中，并不断地追求进步，不断地克服缺陷，不断地超越缺陷，那才是真正认识了自己的生命价值。

宽容比责罚更有力量

不懂得控制自己的情绪，无缘无故地发脾气，其实这些都是不知道宽容而结出的果实。如果我们懂得宽容，心中自然也就少了一份可能给别人也给自己都带来伤害的怒火。

社会是人与人际关系组成的，谁都不可能孤立地生活在这个世界上。我们在生活中肯定会遇到与他人之间发生不愉快的时候。我们要检视一下自己，当我们与他人之间发生不愉快的时候，尤其是当我们感受到自己遭遇到不公平的待遇的时候，我们是否会对他人产生敌意呢？我们是否会因此而在心里对他人怀有怨恨呢？

首先可以肯定地说，当我们受到了真正的不公平待遇时，我们完全有理由怨恨他人，即使我们事实上并未受多大的委屈。可是，如果冷静地想一想，当我们在怨恨他人的时候，自己从中得到了什么呢？实际上，我们所得到的只能是比对方更深的伤害。

忘记对他人的怨恨之心，这是一个智者的做法。如果你还没有学会遗忘和原谅，那么从现在开始，你就应该要求自己，甚至可以强迫自己，不要怨恨别人，对别人多一些宽容，让宽容熄灭自己心中的怒火。

一位德高望重的长老，在寺院的高墙边发现一把椅子，他知道有人借此越墙到寺外。他把椅子搬到了一边，站在椅子的位置上等候。

午夜，外出的小和尚爬上墙，再跳到"椅子"上，他觉得"椅子"不像先前那么硬，而是软软的甚至有点弹性。落地后小和尚定睛一看，才知道椅子已经变成了长老，而他跳到了长老的身上，后者是用脊梁来承接他的。

小和尚仓皇离去，这以后的一段日子里他诚惶诚恐地等候着长老的发落。但长老并没有处罚他，甚至没有提及这"天知地知你知我知"的事。

小和尚从长老的宽容中获得启示，他收住了心再没有去翻墙，通过刻苦的修炼，成了寺院里的佼佼者，若干年后，成为寺院新任的长老。

无独有偶，有位老师发现一位学生上课时常低着头画些什么，有一天他走过去拿起学生的画，发现画中的人物正是龇牙咧嘴的自己。老师没有发火，只是憨憨地笑道，要学生课后再加工画得更神似一些。而自那以后，那位学生上课时再没有画画，各门课都学得不错，后来还成为颇有造诣的漫画家。

宽容不仅需要"海量"，更是一种修养促成的智慧，事实上只有胸襟开阔的人才会自然而然地运用宽容。长老若搬去椅子对小和尚"杀一儆百"也没什么说不过去的，小和尚可能从此收敛但绝不会真正反省，也就没了以后的故事。同样，老师对学生的恶作剧通常是大发雷霆，继而是狠狠批评，但也因为方式太"寻常"了，就很难取得"不寻常"的效果。

宽容是一种高贵的品质、崇高的境界，是精神的成熟、心灵的丰盈。有了这种品质、这种境界，人就会变得豁达、变得成熟。宽容是一种仁爱的光芒、无上的福分，是对别人的释怀，也是对自己的善待。有了这种光芒、这种福分，就会远离仇恨，避免危难。宽容是一种生存的智慧、生活的艺术，是看透了人生以后所获得的那份从容、自信和超然。有了这种智慧、这种艺术，面对人生就会从容不迫。宽容是一种力量、一种自信，是一种无形的感召力和凝聚力。有了这种力量和自信，人就会胸有成竹，获得成功。

宽宏大量，用爱包容恨

爱和怨在日常生活中往往同时存在、形影不离。有时，夫妻间爱得真挚，便恨得痛切；有时，误解突生遂势不两立，误解一释，便和好如初。恋人怨所爱的人陡生恶习，慈母恨孩子久不成才，此怨此恨中正包含着深切感人的爱。

一个宽宏大量的人，他的爱心往往多于怨恨；他乐观、愉快、豁达、忍让，而不悲伤、消沉、焦躁、恼怒；他对自己伴侣和亲友的不足之处，以爱心劝慰，述之以理，动之以情，使听者动心、感佩、遵从，这样，他们之间就不会存在感情上的隔阂、行动上的对立、心理上的怨恨。

然而，在日常生活中，令人烦恼的事情时有发生。有时，不管你愿不愿意，它都会突现在你面前，给你心中留下哪怕是短暂的印象，使你感到不快、厌烦；有时，一些重大的事情突然发生了，这就可能在你的心灵深处造成重创，甚至威胁你的生活。而造成这些灾难性事件的人，如果正是与你朝夕相处的人，你该如何对待他呢？

有这样一个关于谅解和友谊的故事：有两个小伙子，从小学到高中不仅在一个学校里，而且在同一个班里。两人情同手足，终日形影不离。他俩都是独生子，很得各自父母的疼爱。

一个星期天的清晨，他俩相约到海边游泳。夏日的海滨，细细的白沙柔软而蓬松，蓝蓝的海水不断地轻轻亲吻着他们的脚背，吸引得他们恨不得一下子投入大海的怀抱中。这对年轻好胜的小伙子比赛着向大海深处游去。突然，风云骤变，阳光隐没在厚厚的云层里，那碧绿的海水顿时变得混沌暗黑。不一会儿，暴风雨便如同瀑布似的铺天盖地倾泻下来，狂怒的海水发出呼呼巨响。这两个小伙子在滔天的白浪中与危险苦苦地搏斗着，他们刚刚游在一起，就被一层巨浪分开了。他们高声喊叫着，竭力保持联系，并同时拼命往岸上游去。风越来越大，浪越来越高，海浪时而像无数隆起的小山，把他们抛向高空，时而又如凹下去的峡谷，使他们掉进无底的深渊。啊，一个小伙子仍在高叫着同伴的名字，却怎么也听不见回音。他心急如焚，拼命向同伴那里游去。人不见了！他不顾一切地喊叫着、寻找着，直到凶猛的巨浪把他打昏。

当他醒来时，发现自己躺在医院的病床上，他得到的第一个消息就是好友不幸溺水身亡。后来，他伤愈出院了，但他心中的忧患却日渐加剧。是他主动找好友去游泳的，是他没能把好友抢救出来。他失魂落魄地终日在海边徘徊，向着一望无垠的大海轻轻呼唤着好友的名字，但是只有那阵阵涛声作答。

他来到好友家里，请求对方父母的宽恕。那失去独子的母亲悲痛欲绝，终日以泪洗面，无暇顾他。他每次都怀着一颗负疚的心悻悻而去。

这种痛苦的心绪一直伴随着他走出校门，走上了社会。为亡友而产生的伤感也注满了他的新房，甚至在蜜月中也不时地影响到新婚的热烈气氛，这使新娘惊诧不解、思绪万千。她看到丈夫总爱在海边定睛伫立、魂不守舍，便生气道："你总去海边，那你就去跟大海一块过日子吧！"一气之下，便离家而去了。妻子的离去，使他陷入了更大的苦恼之中。

一天，有人轻轻地敲他的房门。门外是两个人，开门后，一位站在门外，另一位妇人进来，轻吻了他的额头，亲切地说："孩子，还认得我吗？"他抬头一看，来的正是他亡友的母亲。"伯母，想不到是您来了！"他惊喜地扑上去。妇人亲切地抚摩着他的头发说："我的孩子，过去的事情就让它过去吧！我曾经对你也不够冷静，请你多多原谅！"说着，两行晶莹的泪水无声地流淌在她那苍白的面颊上。"伯母！我的好妈妈！"他再也忍不住了，痛悔和欢喜的泪水尽情地涌出。然而，这已不再是难过的泪水，而是得到谅解的热泪。亡友的母亲冷静了一下，说："我今天来，是想对你说，我从你身上看到我的孩子还活着。你为他倾注了自己的哀思，我从你的情感中感受到人生的欢乐。让我们互相谅解吧，让我们如同一家人那样互相体恤吧。我从你妻子那里了解了你的感情，我觉得你是可敬的。但是，我与你、她与你之间还缺乏谅解的精神。现在，我把她找来了，愿你们永远相互体谅，互敬互爱，白头偕老！"

从此，他心头的忧虑消除了，小夫妻俩和好如初，相亲相爱，他们还把亡友之母接来同住。生活中，谅解可以产生奇迹，谅解可以挽回感情上的损失，谅解犹如一个火把，能照亮由焦躁、怨恨和复仇心理铺就的道路。

还有一个关于对立与协调的故事：一位新婚不久的新娘突然在新郎的口袋里发现了一封情书，阅后，顿时暴跳如雷、火冒三丈，她感到心如刀绞、痛不欲生，她感到他们新婚的家庭就要完结、消失了。她久久地呆坐在门口椅子上，心中对"背叛的丈夫"恨得咬牙切齿。他终于出现在她面前了，她立刻如同一枚炸弹似的在他眼前轰然炸开了，她捶胸顿足，号啕大哭，捶打斥骂他。他显然是十分尴尬难堪的。他涨红了脸，竭力使她镇静。待她的怒气稍微缓和些了，他请她坐在床边，冷静地对她说："亲爱的，请你相信我对你的忠贞吧，我发誓，我对你毫无二心！""那这封信到底是怎么回事？""这正是我要向你解释的。这位姑娘是我原来大学里的同学，她曾经向我提出结婚，被我拒绝了。现在，她不知怎么知道我们已结婚了，她气急败坏，于是给我写了这封信，她怀着一颗嫉恨之心，采取了写情书的方式，企图来搅乱我们平静如水的幸福生活，这是什么情书？只不过是一出恶作剧而已！而你却信以为真了。请原谅我吧，亲爱的，我不该对你隐瞒了此事。不过，你使我看到了你诚挚的爱，我也希望能看到你的谅解之心。"说完，新郎拉起了她的手，把一封短信塞在她的手里，说："这是我给她的回信，请看吧。"这封早就写好的短信的字里行间，充满了他对自己妻子的深情厚意和对新婚欢乐的盛情赞颂。妻子明白了一切，她把这封短信贴在心口上，转怒为喜，转喜为嗔，幸福的笑意又回到了她的脸上。

人生需要谅解，还在于它能唤起失望者对人生的向往和留恋，它可以促使犯错误甚至犯罪的人改邪归正，重新做人。

有一个工人，由于在生产的关键时刻意志不坚，马虎从事，造成重大责任事故，被捕入狱。在狱中，他受到了应有的惩罚。他后悔莫及，但并没有消沉，反而认清了责任，增强了自信心。快要出狱的前夕，他给厂长写了封信，信中说："我认清了自己的罪过，很对不起大家。我即将出狱重新开始生活了，我将在后天乘火车路过咱们厂。作为工厂原来的职工，我恳切请求您和大家接受我这颗悔过之心。若我能偿此愿，敬请您在我路过工厂所在车站时，扬起一面旗子，我将见旗下车；否则，我将去火车载我去的任何地方……"他终于出狱了，带着一颗痛悔的心，张着一双迷惘的眼睛。临近车站了，他微微闭上双目，默默地祈祷。他睁开双眼，啊，他看到了什么，莫不是眼花了不成？他使劲揉了揉双眼，看见车站上一些人手里擎着各种彩旗，是他们，是工友们在高声呼唤着他的名字。他们那亲切的声音唤起了他强烈的生活欲望和信心。他等车一停稳，便泪流满面地投入到人群之中。后来，他变成了一个优秀的工人。

谅解也是一种勉励、启迪、指引，它能催人弃恶从善，使走过歧路的人走上正轨，发挥他们的潜力。

尝试宽容，远离痛苦

人与人之间的相处，难免有意见不合的时候，难免会发生纠纷。

我们总是会认为别人错、自己对，总是忍不住想问别人："为什么你就是不懂我的心呢？"

我们总是容易责怪别人，总是认为别人不能设身处地地站在我们的立场想想看，但却很少思及自己有没有设身处地地为别人想过。

"设身处地"说来简单，做起来却很困难，因为我们是凡人，本来就容易受到情绪的引导。

但是，所谓"初念浅，转念深"，有时候，在行动之前，先转念思考一下，或许能让我们对事情有不一样的判断，继而能冷却心中的怒火，以平和有效的方法来解决问题。

据说，英国大文豪约翰逊生前曾在西敏寺选了一块坟地，打算作为死后的归宿。

但在当时并没有所谓契约的订立，所以，等到他临死前，家人才发现那块墓地早就被人占据了，只剩下两个坟墓中间还有一小块间隙，大概可以立着放进一个人。

家里的人只好无奈地把这个事实告诉了性命垂危的约翰逊，看看他到底希望怎么来处理自己的身后事。

约翰逊不以为意地说："既然人可以站着生，那么当然也可以站着死，就让我站着死去吧！"

于是，他死后，人们就把他立着埋进了地下。

这么说来，约翰逊可能是全世界唯一一位死了也屹立不倒的人。

一个小小的插曲，却可以看出约翰逊为人厚道、随遇而安的人生观。

别人占都占了，难道要闹得天翻地覆，非要占据墓地的坟即刻迁走不可？无论古今中外，要挖动坟墓可都不是等闲小事，所以这件事处理起来一点都不容易。

约翰逊的做法，既体谅了家人的难处，也成全了自己一贯的生活态度：生的价值胜过死后躯壳。

佛经上曾经记载道，当初释迦牟尼在山里修行时，恰巧遇到国王歌利王率领众人前来狩猎。

歌利王一见到释迦牟尼，就问他山中哪里有野兽。

释迦牟尼心中感到很为难，他忍不住想："如果照实告诉他，那么就等于杀了野兽，心中实在不忍；但不实话实说，又是说谎，心里也是百般不愿意。"于是，他决定沉默不语。

歌利王见他不言不语的态度，不禁大怒，命人砍掉了他一只手臂。

歌利王斥声再问，释迦牟尼还是坚决不回答，于是歌利王又命人砍掉了他另一只手臂。

尽管遇到这样的暴行，释迦牟尼却并不因此而发怒，只是起誓说："等我成佛后，一定要先将此人度化，不许天下人效仿他做坏事。"

能宽容一个砍掉自己手臂的人，能原谅一个如此伤害自己身体的人，还有什么不能宽容、不能原谅的呢？

所谓佛法无边，恐怕先要心胸无边吧。释迦牟尼能有如此宽阔的胸襟，无怪乎能顺利成佛，进而普度众生。

不管是身体上的伤害或是心灵上的创伤，都一定会让人感到痛苦，但是如果坚持相互仇恨，相互报复，只会让伤口永远无法愈合，永远血淋淋地令人痛楚，冤冤相报何时了？

宽容是一种美德，一种修养，也是人生的真谛之一。

容人之功，很难；容人之过，更难。

因为我们对于爱和恨的执着，让我们的心没有办法摆脱桎梏，被情绪束缚得牢牢的心，的确很难宽容得起来。

只是，若我们不去尝试，不能学会放下，不想拥有一颗宽容的心，我们便会永远被迫沉浸在痛苦之中。

要听得进他人的批评

有几位中学教师批评一位名人的一本畅销书里病句太多，尽管所言不虚，但这位名人却非常不高兴，不但不真心接受批评，反而责怪大家"多管闲事"；有一位歌星因未带齐证件被拦在央视演播厅外，这位歌星竟大发脾气大打出手；还有一位明星在有人发表文章善意批评其演技上的欠缺后，竟扬言要以侵犯名誉权为由将作者及报社告上法庭……文艺圈里的某些明星、腕儿们，胸中何曾还有一星半点的雅量！而在官员中间，缺乏雅量者亦不在少数：某地一县委书记因县报记者据实写了一篇非"正面"的报道，竟将那名"自曝家丑"的记者开除回家，整得他苦不堪言；某地某官员下乡调查时当面听到一位农民怒斥当地政府乱增收费项目加重农民的负担后，竟命令派出所将那位敢于直言的农民关了几天几夜……

这一现象和另一些人的行为形成了鲜明的对比。据报载，红军第三次反"围剿"的时候，一次部队打仗，彭德怀一路小跑上前线指挥，传令士兵在前边挥动小旗让大家让路，可有一个战士偏偏坐在地上不动。彭德怀是个急性子，就叫了起来，谁知这个战士朝着彭德怀就是两拳。彭德怀没有理会，又匆匆赶路。一会儿，传令排长捆着这个战士，追上彭德怀请他发落。彭德怀两眼一眯，笑着说："谁叫你们捆来的？小事情，快放回去。"

1932年年初，阳翰笙请茅盾为自己的长篇小说《地泉》再版作序，茅盾推辞不掉，就在序中不讲情面地批评说：这部小说从总体上来看，是一部很不成功的，甚至是失败的作品。茅盾把文章交给他后，觉得自己的批评如此尖刻，阳翰笙一定不会用。没过多久，再版《地泉》出版了，茅盾打开一看，他那篇批评文章竟然一字不改地印在里面。

1952年，郭沫若应约写了一首讴歌十月革命胜利35周年的诗。诗稿送到杂志社后，编辑却犯了愁，因为那首诗尽管立意很好，但从构思、意境、语言来讲远非佳作。当那位年轻的编辑征得领导同意后，怀着忐忑的心情去找郭老，请他修改或重写时，没想到郭老十分热情地接待了他，并一再声称：那是败笔之作，你们退稿是对的。

身为文学大家，面对一位毛头小伙子给自己的"大作"挑刺，郭老竟然没有发火，并虚心接受其意见，这种雅量委实不易。而戏剧家阳翰笙的雅量则更为难能可贵，阳翰笙将对自己作品持否定态度的序言印在书中公之于众，这种雅量令人叹服。而彭德怀挨了战士的拳头后竟然不究不问，其雅量亦令人钦佩。

三件逸事尽管各自情节不同，但从中折射出三位名人的胸怀和气度，都同样令人敬佩。

佛家有典故说：释迦牟尼佛功德圆满，有人却妒性大发，当面恶意中伤他。佛祖笑而不语，待那人骂完，佛问："假如有人送你东西，你不愿意要怎么办？"答："当然是归还了。"佛说："那就是了。"于是，那人羞惭而退。从某种意义上说，这个故事的寓意，不正是在劝告人要多些雅量吗？

无须多加论证，作为一个智力健全的人，特别是一个希望逐渐完善自己人格的人，总是要有点雅量的。雅量，是衡量一个人成熟与否、修养程度高低的重要标尺之一。

越是面对刻薄的人，就越要懂得宽容

法国文豪巴尔扎克曾经写道："世上所有德行高尚的圣人，都能忍受凡人的刻薄和侮辱。"

其实，有时候刻薄的人比那些表面迎合你的人更有用处，因为他们的话语虽然尖酸，他们的行为虽然刻薄，但却可以让你因此而学到宽容。

有一名自认学富五车的学者搭船过河，为了夸耀自己学识渊博，他便问船夫说："船夫啊，你懂文学吗？"

船夫摇摇头表示不懂，学者不屑地说："不懂文学，那你就等于失去了一半的生命了。"

过了一会儿，学者又嘲讽船夫："那么，你懂哲学吗？"

船夫摇摇头，学者又惋惜地说："不懂哲学，那你就又失去了另一半的生命了。"

船行到河中，学者又问："既然你不懂文学，也不懂哲学，请问历史、生物、美学……你知道的有哪些呢？"

船夫耸了耸肩说："我一样也不知道。"

学者听了摆出相当鄙夷的表情，夸张地说："我真为你的无知感到难过。什么都不懂，那你活着还有什么意思呢？"

正在这时，突然一个大浪打上来，小船一不小心就被浪花打翻了，船夫和学者双双落入水中。学者吓得面无血色，不停地挣扎着，船夫问："你会游泳吗？"

学者摇摇头，船夫接着说："那你就失去了你全部的生命了。"

故事中，这位言辞刻薄的学者自认为了解天地间所有高深的哲理，却忽略了最浅易的处世方法，没料到自己会因为恣意嘲弄船夫而可能丧失宝贵的生命。

如果你是故事中那位被批评得一无是处的船夫，在学者可能惨遭灭顶之灾的时候，会不会对他伸出援手呢？

印度诗人泰戈尔曾说："越是有人责备我，我就越坚强；越是面对刻薄的人，我就越懂得宽容。"

因为，刻薄的人有时候是一面让我们自我省思的镜子，我们可以从镜中看到自己曾经刻薄的嘴脸，进而体会到被刻薄的人那份渴望被宽容的心情。

学者与船夫的故事告诉我们：人各有志，各人头顶一片天，因此，为人处世不要太过刻薄。因为你的鱼翅说不定会是别人的毒药，怎能用同样的标准去衡量所有人？人更没有资格仗着自己的学识，去评断别人的生存价值。

每个人都有自己的世界，可悲的不是活在狭窄的天地里，而是只活在自己的世界中，一味地以自己的标准衡量别人。因此，为人处世的最高境界就是懂得向刻薄的人学习宽容。

第九章 多包容一点，看开一点

对人对事不要太较真

做人不能一点都不在乎，游戏人生，玩世不恭；但也不能太较真，认死理。"水至清则无鱼，人至察则无徒。"太认真了，就会对什么都看不惯，连一个朋友也容不下，就会把自己封闭和孤立起来，失去了与外界的沟通和交往。

桌面很平，但在高倍放大镜下就是凹凸不平的"黄土高坡"；居住的房间看起来干净卫生，但当阳光射进窗户时，就会看到许多粉尘和灰粒弥漫在空气当中。

人非圣贤，孰能无过，人活在世上难免要与别人打交道，对待别人的过失、缺陷，宽容大度一些，不要吹毛求疵、求全责备，可以求大同存小异，甚至可以糊涂一些。如果一味地要"明察秋毫"，眼里揉不得沙子，过分挑剔，连一些鸡毛蒜皮的小事都要去论个是非曲直，论个输赢来，别人就会日渐疏远你，最终自己就变成了孤家寡人。

古今中外，凡能成就一番大事业者，无不具有海纳百川的雅量，容别人所不能容，忍别人所不能忍，善于求大同存小异，赢得大多数人。他们豁达而不拘小节，善于从大处着眼；从长计议而不目光短浅，从不斤斤计较，拘泥于琐碎小事。

多数人仅仅是在一些小事上较真，例如，菜市场上，人们时常因为几角钱争得脸红脖子粗，不肯相让。至于一台电视两千元和两千一百元的一百元差价，人们经常就会忽略掉，不去较真。

要真正做到不较真，不是件很容易的事，需要善解人意的思维方法。有位顾客总是抱怨他家附近超市的女服务员整天沉着脸，见谁都觉得好像别人欠她二百块钱似的。后来他的妻子打听到这位女服务员的真实情况。原来她的丈夫有外遇，整天不着家，上有老母瘫痪在床，下有七岁的女儿患有先天的哮喘，自己也下岗了，每月只有二三百元的下岗工资，住在一间12平方米的小屋里，难怪她整天愁眉不展。明白原因后，这位顾客再也不计较她的态度了，而是想法去帮助她。

提倡对某些事情不必太较真，可以"敷衍了事"，目的在于有更多的时间和精力去做我们认为值得干的一些重要事情，这样我们成功的希望就多一分，朋友的圈子就能扩大几分。

第十章

保持一颗平常心

　　生命是一种缘，是一种必然与偶然互为表里的机缘。有时候命运偏偏喜欢与人作对，你越是挖空心思去追逐一样东西，它越是想方设法不让你如愿以偿。对待任何事情，我们如果都能保持一颗平常心，那么，悲伤永远也占据不了我们的心灵。

第一节 平民教育

顺其自然，并不是你想象的被动

太过执着，犹如握得僵紧顽固的拳头，失去了松懈的自在和超脱。这时候，痴愚的人往往不能自拔，好像脑子里缠了一团毛线，越想越乱，他们陷在了自己挖的陷阱里。而明智的人明白知足常乐的道理，他们会顺其自然，不去强求不属于他们的东西。

三伏天，禅院的草地枯黄了一大片。

"快撒点草籽吧！好难看哪！"小和尚说。

"等天凉了。"师父挥挥手，"随时！"

中秋，师父买了一包草籽，叫小和尚去播种。

秋风起，草籽边撒边飘。

"不好了！好多种子都被风吹飞了。"小和尚喊。

"没关系，吹走的多半是空的，撒下去也发不了芽。"师父说，"随性！"

撒完种子，跟着就飞来几只小鸟啄食。

"要命了！种子都被鸟吃了！"小和尚急得跳脚。

"没关系！种子多，吃不完！"师父说，"随遇！"

半夜一阵骤雨，小和尚早晨冲进禅房："师父！这下真完了！好多草籽被雨冲走了！"

"冲到哪儿，就在哪儿发芽！"师父说，"随缘！"

一个星期过去。

原本光秃秃的地面，居然长出许多青翠的草苗。一些原来没播种的角落，也泛出了绿意。

小和尚高兴得直拍手。

师父点头："随喜！"

顺其自然，绝非被动地生活，不是在生活的海边临渊羡鱼，不是在命运的森林里守株待兔，而是洞悉人生、承受一切命运际遇的大智慧；顺其自然，是对生命的善待与珍爱，是对人生的喝彩和礼赞。

生命中的许多东西是不可以强求的，那些刻意强求的某些东西或许我们终生都得不到，而我们不曾期待的灿烂往往会在我们的淡泊从容中不期而至。

有位樵夫生性愚钝，有一天上山砍柴，看见一只从未见过的动物。在好奇心的驱使下，他走上前去问道："你是谁呀？"那动物说："我叫'领悟'。"樵夫心想："我现在不是正好缺少'领悟'吗？干脆把它捉回去得了！"这时，"领悟"对樵夫说道："你现在想捉我吗？"樵夫吓了一跳："我心里想的事它怎么知道？这样吧，我不妨装作一副不在意的样子，然后趁它不注意时捉住它！""领悟"又对他说："你现在又想假装成不在意的模样来骗我，等我不注意时把我捉住。"樵夫的心事都被"领悟"看穿，所以就很生气："真是可恶！为什么它都能知道我在想什么呢？"谁知，这种想法马上又被"领悟"发现。它又开口："你因为没有捉到我而生气吧！"于是，樵夫从内心检讨："我心中所想的事，好像反映在镜子里一般，完全被'领悟'看清。我应该把它忘记，专心砍柴。我本来就是为了砍柴才来到山上的，实在不应该有太多的欲望。"想到这里，樵夫挥起斧头，用心地砍柴。一不小心，斧头掉下来，意外地压在"领悟"上面，"领悟"立刻被樵夫捉住了。

如果我们学会了顺其自然，也许我们会有意想不到的收获，就像上面故事里的樵夫一样。

我们常想悟出真理，却反而因为这种执着而迷惑、困扰。只要恢复直率之心，彻底地顺从自然，真理就唾手可得了。

生活的真谛是宁静与淡泊

诸葛亮有句名言："非淡泊无以明志，非宁静无以致远。"所谓"宁静致远"，就是要不因宠爱而忘形、不因失落而怅然，不因富贵而骄纵，不因清贫而自惭。得意，也不忘时、忘形、忘神、忘乎所以；失意，也不颓唐沮丧、百无聊赖；喜悦，眉梢不上挑；痛苦，表情不抽搐。内敛，内向，气守丹田，不浮不躁，不自惹，不自扰，不自乱，不自淫，不自贱，不自屈。

有一位虔诚的佛教信徒，每天都从自家的花园里采撷鲜花到寺院供佛。一天，当她正送花到佛殿时，碰巧遇到无德禅师从佛堂出来，无德禅师欣喜地说道："你每天都这么虔诚地以鲜花供佛，依经典的记载，常以鲜花供佛者，来世当得庄严相貌的福报。"

信徒非常欢喜地回答道："这是应该的，我每天来寺院礼佛时，自觉心灵就像洗涤过似的清凉，但回到家中，心就烦乱了。我是一个家庭主妇，如何在喧嚣的城市中保持一颗清净纯洁的心呢？"

无德禅师反问道："你以鲜花献佛，相信你对花草总有一些常识，我现在问你，你如何保持花朵的新鲜呢？"

信徒答道："保持花朵新鲜的方法，莫过于每天换水，并且于换水时把花梗剪去一截，因花梗的一端在水里容易腐烂，腐烂之后水分不易吸收，就容易凋谢！"

无德禅师道："保持一颗清净纯洁的心，其道理也是一样，我们的生活环境像瓶里的水，我们就是花，唯有不断地净化我们的身心，提升我们的气质，并且不断地忏悔、检讨、改进陋习，才能不断吸收到大自然的食粮。"

信徒听后，欢喜作礼感谢道："谢谢禅师的开示，希望以后有机会亲近禅师，过一段寺院中禅者的生活，享受晨钟暮鼓、菩提梵唱的宁静。"

无德禅师道："你的呼吸便是梵唱，脉搏跳动就是钟鼓，身体便是庙宇，两耳就是菩提，无处不是宁静，又何必等机会到寺院中生活呢？"

无德说"热闹场中做道场"，只要自己息下妄缘，抛开杂念，哪里不可宁静呢？如果自己妄想不除，就算住在深山古寺，一样无法修持。禅者重视"当下"，何必明天呢？"参禅何须山水地，灭却心头火亦凉"即是这个意思。

一个人在做人做事上，要达到理想的境界，应使自己经常情绪安宁，心地澄清。无论怎么忙，每天最好能安排出片刻的独处，在宁静的氛围中，人的思想会宁静而清晰，情绪也最容易归于平和，说不定，就因为你拥有片刻的宁静可以避免一些鲁莽、浮躁、荒谬、无聊的事情发生。

每个人都想求内心的宁静，内心的宁静是什么？其中的含义，有几个人真正知道？是问心无愧，晚上不做噩梦，还是其他什么？让我们从下面的故事中获得答案吧。

国王拿出一大笔赏金，看谁画得出最能代表平静祥和的意象。很多画家将自己的作品送到皇宫，有黄昏的森林、有宁静的河流、有小孩在沙地上玩耍、有彩虹高挂天上、有沾了几滴露水的玫瑰花瓣。

国王亲自看过每件作品，最后只选出两件。

第一件作品画了一池清幽的湖水，周遭的高山和蓝天倒映在湖面上，天空中点缀了几抹白云，仔细看的话，还可以看到湖的左边角落有座小屋，打开了一扇窗户，烟囱里有炊烟袅袅升起，表示有人在准备晚餐，菜色简单却美味可口。

第二幅画也画了几座山，山形阴暗嶙峋，山峰尖锐孤傲。山上的天空漆黑一片，闪电从乌云中落下，降下了冰雹和暴雨。

这幅画和其他作品格格不入，不过如果仔细地看，可以看到险峻的岩石堆中有个小缝，里面有个鸟窝。尽管身旁风狂雨暴，小燕子还是蹲在窝里，悠然自得。

国王将朝臣召唤过来，将首奖颁发给第二幅画，他的解释是："宁静祥和，并不是要到全无噪声、全无问题、全无辛勤工作的地方才找得到。"

宁静与淡泊才是生活的真谛，只有洞悉了这一点，我们的生活才能忙而不乱，缓而有序，不骄不躁，我们才有时间去创造和经营属于自己的一片天空。

宁静祥和的感觉，能让人即使身处逆境也能维持心中的一片澄清，这才是宁静的真谛。

人生的乐趣需要在生活中品味

这是一位作家讲述的故事：

明天就要爬三清山了，我把与我同住一室的旅伴托给了一位男士："她有恐高症，请你在乘缆车时照顾她。我恐怕会晕车，不能照顾她。"

第二天，我们一行人来到了乘坐缆车的地方，将与我同坐的是一位男士，他瞧瞧我说："我和一位女士同坐啊。"这是一些男士们惯常说的一句话，但从他的话语中似乎听不出男士们说这句话时惯常露出的那种轻松诙谐的语气。

进到缆车上，那位男士开始到处寻找扶手。"怎么连个扶手都没有呢？"他有点失望。缆车开动了，那位男士对我说："不好意思，我有恐高症。在家里往天花板上安个灯泡都是我老婆做的。"原来如此，我这才想起他临上缆车时那句话的含义，原来他希望有个男士与他同坐，好照顾他。

"我倒是不恐高，但我恐怕会晕车。如果刮起风来，缆车一摇晃，我就可能会晕车。记得……"我一边说，一边懊丧地想：怎么这么巧，昨天刚送走了一个"恐高症"，今天偏又遇上了一个"恐高症"。一时间，缆车中的两个人，一个在诉说着她的晕车症状，一个在诉说着他的恐高症状。

"你还好，不怕高。""恐高症"对我说。

"高有什么可怕的，我一点都不觉得怕，你别总想着它啊。"我说。

这时，我突然想到：我又为什么要总想着晕车呢？

"你瞧，那棵树上的花好漂亮，那是什么树啊？"我有意把话题扯开。

"这你都不知道？你大概是城里人吧，我们县城里有很多小山丘，上面长了各种各样的树。这是……"他滔滔不绝地对我讲开了。

我们一起欣赏着窗外的美景，谈论着各自了解的植物知识。我们从野生植物谈到了野生动物，从大自然谈到了人生的感悟……我们愉快地交流着，把恐高症和晕车症全抛到了脑后。

与其把注意力总放在恐高和晕车上，不如去欣赏窗外美丽的风景。在人生的道路上懂得欣赏风景的人，才会把不幸和烦恼抛到脑后，成为一个快乐的人。

还有一个异曲同工的故事：

从前在山中的庙里，有一个小和尚被叫去买食用油。在离开前，庙里的厨师交给他一个大碗，并严厉地警告："你一定要小心，我们最近财务状况不是很理想，你绝对不可以把油洒出来。"

小和尚答应后就下山到厨师指定的店里买油。在上山回庙的路上，他想到厨师凶恶的表情及严重的告诫，愈想愈觉得紧张。小和尚小心翼翼地端着装满油的大碗，一步一步地走在山路上，丝毫不敢左顾右盼。

很不幸的是，他在快到庙门口时，由于没有向前看路，结果踩到了一块石头。虽然没有摔跤，可是却洒掉了三分之一的油。小和尚非常懊恼，而且紧张得手都开始发抖，无法把碗端稳。终于回到庙里时，碗中的油就只剩一半了。

厨师拿到装油的碗时，当然非常生气，他指着小和尚大骂："你这个笨蛋！我不是说要小心吗？为什么还是浪费这么多油？真是气死我了！"

小和尚听了很难过，开始掉眼泪。另外一位老和尚听到了，就跑来问是怎么一回事。了解以后，他就去安抚厨师的情绪，并私下对小和尚说："我再派你去买一次油。这次我要你在回来的途中，多观察你看到的人和事物，并且需要跟我作一个报告。"

　　小和尚想要推卸这个任务，强调自己油都端不好，根本不可能既要端油，还要看风景、作报告。

　　不过在老和尚的坚持下，他只好勉强上路了。在回来的途中，小和尚发现其实山路上的风景真是美。远方看得到雄伟的山峰，又有农夫在梯田上耕种。走不久，又看到一群小孩子在路边的空地上玩得很开心，而且还有两位老先生在下棋。这样边走边看风景，不知不觉就回到庙里了。当小和尚把油交给厨师时，发现碗里的油装得满满的，一点都没有洒。

　　真正懂得从生活经验中找到人生乐趣的人，才不会觉得自己的日子充满压力及忧虑。

　　生活中有逆境也有顺境，无论处在哪种境遇中，都不能忘记发现生活中美好的一面，因为很多的压力和烦恼都是在欣赏中忘却的。

夫唯不争，故天下莫能与之争

老子说："夫唯不争，故天下莫能与之争。"这句话的意思是，正因为不与人相争，所以天下没人能与他相争。

可惜的是，两千多年来，能参悟和运用这一箴言的人凤毛麟角。在名利权位面前，人们往往争得你死我活，结果大都落得个遍体鳞伤、两手空空，有的甚至身败名裂、命赴黄泉。

若人们都能学会以平常心观不平常事，则事事平常。平常心不是"看破红尘"，也不是消极遁世。平常心应该是一种境界，平常心是积极人生，平常心是道。不以物喜，不以己悲；无时不乐，无时怀忧。

江南有一个大家族，老爷子年轻时是个风流种子，养了一大群妻妾，生下一大堆儿子。眼看自己一天比一天老了，他心想：这么大一个家总得交给一个儿子来管吧。可是，管家的钥匙只有一把，儿子却有一大群。于是，儿子们斗得你死我活，不亦乐乎。这时，只有一个儿子默默地站在一边，只帮老爷子干事，从不参与争斗。争来斗去，老爷子终于想明白了，这把钥匙交给这群争吵的儿子中的任何一个，他都管不好。最后，老爷子将钥匙交给了不争的那个儿子。

常言道："大肚能容，容天下难容之事；开口便笑，笑天下可笑之人。"佛能如此豁达，如此有容人之量，我们身为万物之首的人为什么不能呢？

容与忍往往是统一的，这不是懦弱，也不是个人做事原则的背叛，而是以退为进，在容忍中寻找事情解决的最佳方案。

心有多大，你的舞台就有多大

人生的道路从来没有一帆风顺的，这就要求我们以一颗平常心去面对挫折、面对困难、面对失意、面对成功、面对顺境、面对得失。不管自己的人生处于怎样的状态，都要始终以一颗平常心走好自己的人生路。

李斯是秦朝的丞相，辅佐秦始皇统一并管理中国，立下汗马功劳。可少有人知，李斯年轻时只是一名小小的粮仓管理员，他的立志发愤，竟然是因为一次上厕所的经历。

那时李斯26岁，是楚国上蔡郡府里的一个看守粮仓的小文书。他的工作是负责仓内存粮进出的登记，将一笔笔斗进升出的粮食进出情况记录清楚。

日子就这么一天天过着，李斯不能说完全浑浑噩噩，但也没觉得这份工作有什么意义。直到有一天，李斯到粮仓外的一个厕所解手，这样一件极其平常的小事竟改变了李斯的人生态度。

李斯进了厕所，尚未解手，却惊动了厕所内的一群老鼠。这群在厕所内安身的老鼠，瘦小枯干，探头缩爪，且毛色灰暗，身上又脏又臭，让人恶心至极。

李斯看见这些老鼠，忽然想起了自己管理的粮仓中的老鼠。那些家伙，一个个吃得脑满肠肥，皮毛油亮，整日在粮仓中大快朵颐，逍遥自在。与眼前厕所中这些老鼠相比，真是天上地下啊！人生如鼠，位置不同，命运也就不同。自己在上蔡城里这个小小的仓库中做了八年小文书，从未出去看过外面的世界，不就如同这些厕所中的小老鼠一样吗？整日在这里挣扎，却全然不知有粮仓这样的天堂。

李斯决定换一种活法，第二天他就离开了这个小城，去投奔一代儒学大师荀况，开始了寻找"粮仓"之路。二十多年后，他把家安在了秦都咸阳的丞相府中。

心有多大，你的世界就有多大。有时候，为一件小事想不开，为遭受到别人的冷眼而放弃努力，在新的东西出现时因恐惧的心态而不去尝试，因而失去了很多本应属于我们的机会，一次的失去，两次的失去……于是更多的失去，以至于最后永远失去了……

社会是不公平的，但又是公平的，它会给我们每个人机会，它永远遵循事物发展变化的规律性，关键在于操作的人会不会巧妙地利用它，让它为你服务。

我们没有必要总抓着生活中的一些小事不放手，看到一朵花、一棵草甚至于一滴水都觉得那么感伤，日复一日年复一年地思考一个同样的问题——永远也找不到答案。

想争执的时候，先承认自己错了

费丁南·华伦是一位商业艺术家，他使用"先认错"这个技巧，赢得了一位暴躁易怒的艺术品主顾的好印象。

"精确，一丝不苟，是绘制商业广告和出版物的最重要的品质。"华伦先生事后说，"有些艺术编辑要求他们所交下来的任务立刻完成，在这种情形下，难免会发生一些小错误。我知道，某一位艺术组长总喜欢从鸡蛋里挑骨头。我离开他的办公室时，总觉得倒胃口，不是因为他的批评，而是因为他攻击我的方法。最近我交了一篇加急的稿件给他，他打电话给我，要我立刻到他办公室去，说是出了问题，当我到办公室之后，正如我所料——麻烦来了。他满怀敌意，高兴有了挑剔我的机会。他恶意地责备了我一大堆——这正好是我运用所学自我批评的机会。因此我说：'先生，如果你的话不错，我的失误一定不可原谅，我为你画稿这么多年，实在该知道怎么画才对。我觉得惭愧。'

"他立刻开始为我辩护起来。'是的，你的话并没有错，不过毕竟这不是一个严重的错误。只是——'

"我打断了他。'任何错误，'我说，'代价可能都很大，叫人不舒服。'

"他开始插嘴，但我不让他插嘴。我很满意。我在批评自己——我喜欢这样做。

"'我应该更小心一点才对，'我继续说，'你给我的工作很多，照

理应该使你满意，因此我打算重新再来。'

"'不！不！'他反对起来，'我不想那样麻烦你。'他赞扬我的作品，告诉我只需要稍微修改就行了，又说一点小错误不会花他公司多少钱；毕竟，这只是小错——不值得担心。

"我急切地批评自己，使他怒气全消。结果他邀我同进午餐，分手之前他给了我一张支票，又交给我另一件工作。"

一个人要有勇气承认自己的错误，也可以获得某种程度的满足感，而且有助于解决这项错误所导致的问题。

艾柏·赫巴是会闹得满城风雨的最具独特风格的作家之一，他那尖酸的文风经常惹起别人强烈的不满。但是赫巴那少见的为人处世技巧，常常使他将敌人变成朋友。

例如，当一些愤怒的读者写信给他，表示对他的某些文章不以为然，结尾又痛骂他一顿时，赫巴就如此回复：

"回想起来，我也不尽然同意自己，我昨天所写的东西，今天就不见得全部满意。我很高兴知道你对这件事的看法。下回你在附近时，欢迎大驾光临，我们可以交换意见。遥祝诚意。

赫巴谨上"

面对一个这样对待你的人，你还能怎么说呢？

其实华伦和赫巴未必有多大的错误，假如有的话，也是非常小的，但他们那种精神却是可贵的。承认自己有错可能会让你有些难堪，心中总有些勉强，但这样做可以把事情办得更加顺利，成功的希望更大，带来的结果可能会冲淡你认错的沮丧情绪。况且大多数情况下，只有你先承认自己也许错了，别人才可能和你一样宽容大度地反思自己。

就像拳头出击一样，伸着的拳头要再打人，必须要先收回来方有可能。

抛开面子，其实就是这么简单

儒家思想博大精深、源远流长，其理论贯穿了整个中国古代历史，并继续影响着我们的现代生活。久而久之，甚至形成了特有的"面子文化"。对于很多人来说最为痛心的事，莫过于失去面子。所以，生活中，人们要千方百计地保住自己的面子。

其实，很多时候，我们大可不必过于计较面子，让我们看看一位小提琴家是如何对待自己的面子的。

有位世界级的小提琴家在为人指导演奏时，从来都不说话。

每当学生拉完一首曲子之后，他会亲自将这首曲子再演奏一遍，让学生们从聆听中学习拉琴技巧。

他总是说："琴声是最好的教育。"

这位小提琴家在收新学生时，会要求学生当场演奏一首曲子，算是给自己的见面礼，而他也先听听学生的底子，再给予分级。

这天，他收了一位新学生，琴音一起，每个人都听得目瞪口呆，因为这位学生演奏得非常好，出神入化的琴声有如天籁。

学生演奏完毕，老师照例拿着琴上前，但是，这一次他却把琴放在肩上，久久不动。

最后，小提琴家把琴从肩上拿了下来，并深深地吸了一口气，接着满脸笑容地走下台。

这个举动令所有人都感到诧异，没有人知道发生了什么事。

小提琴家说："你们知道吗？这个孩子拉得太好了，我恐怕没有资格指导他。最起码在这首曲子上，我的演奏将会是一种误导。"

这时大家都明白了他宽阔的胸襟，顿时响起一阵热烈的掌声，送给学生，更送给这位小提琴家。

很多时候，我们并不是没掌握"承认"的技术，而是丧失了"承认"的心情。为什么会失去"承认"的心情，是因为我们都是热爱面子的族群。面子的重要维护力量是"理"，无论如何，你要显得自己是占理的，而不是理亏的。占理了，就有面子；理亏了，就没面子。一旦承认自己没有达到某种高度，显得理亏，面子上就会十分难堪。把假话说圆了，把亏心事处理得像没事一样，面子就能得以保全。故而，做了错事，一定要像做了正确的事一样，理屈而词不穷；心里有鬼，反而要唱歌壮胆，越是理亏的事，越要做出得理不饶人的架势，以便于消灭"承认"的危险。

有容乃大，当小提琴家能接受学生更优于他的事实之时，在他身上也正体现出令人赞叹的大师风采。

当我们不能正确面对面子问题的时候，其实，我们也已经失去了自己想要维护的面子。

幸福也是选择，学会从正面看问题

生活中，我们总会遇到很多挫折和伤害，如果我们采取了正确的态度去对待，一切困难都可以迎刃而解。

杰瑞是个不同寻常的人，他的心情总是很好，而且对事物总是有正面的看法。

当有人问他近况如何时，他会说："我快乐无比。"

杰瑞是个饭店经理，却是个独特的经理。因为他换过几个饭店，而这几个饭店的侍应生都跟着他跳槽，他天生就是个鼓舞者。

如果哪个雇员心情不好，杰瑞就会告诉他怎么去看事物的正面。

这样的生活态度实在让人好奇，他的朋友比尔觉得这很难办到！一个人不可能总是看到事情的光明面。

"你是怎么做到的？"终于有一天，比尔问道。

杰瑞答道："每天早上我一醒来就对自己说，杰瑞，你今天有两种选择，你可以选择心情愉快，也可以选择心情不好。我选择心情愉快。每次有坏事发生时，我可以选择成为一个受害者，也可以选择从中学些东西。我选择从中学习。每次有人跑到我面前诉苦或抱怨，我可以选择接受他们的抱怨，也可以选择指出事情的正面。我选择后者。"

"是！对！可是没有那么容易吧？"比尔立刻声明。

"就是那么容易。"杰瑞答道，"人生就是选择。当你把无聊的东西都剔除后，每一种处境就是一个选择。你选择如何去面对各种处境；你选择别人的态度如何影响你的情绪；你选择心情舒畅还是糟糕透顶。归根结底，你要自己选择如何面对人生。"

比尔听了杰瑞一番肺腑之言，受到了影响，没有多久，就离开了饭店业去开创自己的事业了。

几年后，杰瑞出事了：有一天早上，他忘记了关后门，被三个持枪的强盗拦住了。强盗因为紧张而受了惊吓，对他开了枪。幸运的是，杰瑞被及时发现并送进了急诊室。经过18小时的抢救和亲友几个星期的精心照料，杰瑞出院了，只是仍有小部分弹片留在他的体内。

事情发生后六个月，比尔见到了杰瑞，问杰瑞近况如何，杰瑞答道："我快乐无比。想不想看看我的伤疤？"比尔趋身去看了他的伤疤，又问他当面对强盗时，他想了些什么。"第一件在我脑海中浮现的事是，我应该关后门。"杰瑞答道，"当我躺在地上时，我对自己说我有两个选择：一是死，一是活。我选择了活。"

"你不害怕吗？有没有失去知觉？"比尔问道。杰瑞继续说："医护人员都很好。他们不断告诉我，我会好的。但当他们把我推进急诊室后，我看到他们脸上的表情，从他们的眼中，我读到了：他是个死人。我知道我需要采取一些行动了。"

"你采取了什么行动？"比尔赶紧问。

"有个身强力壮的护士大声问我问题，她问我有没有对什么东西过敏。我马上答：'有的。'这时，所有的医生、护士都停下来等着我说下去。我深深地吸了一口气，然后大声吼道：'子弹！'在一片大笑声中，我又说道：'我选择活下来，请把我当活人来医，而不是死人。'"杰瑞活了下来，一方面要感谢医术高明的医生，另一方面得感谢他那积极乐观的生活态度。

生活充满了选择，杰瑞总是积极地选择正面，我们有什么理由去选择反面呢？

第十一章

保持冷静，切忌浮躁

因为没有一颗冷静的心，我们少了很多的宽容；因为没有一颗冷静的心，我们说了很多伤人的话；因为没有一颗冷静的心，我们做了很多错误的决定。所以说，保持一颗冷静的心，我们才不会伤到别人，我们和别人才能和谐相处。

生活幸福与否由你的心态来决定

表面上看起来，乐观主义与悲观主义在本质上是相同的，而且两者正好具备了相反的优点与缺点。乐观的人在行动上比较积极，但往往低估了实际中的困难，所以有时会在危险的路上碰到意外。相反地，悲观的人过于慎重，容易错失良机。总之，将两者适度混合，就能达到理想境界。

实际上，乐观主义与悲观主义不仅对未来的看法截然不同，对自己与他人也采取不同的态度。

如前所述，悲观的人对未来抱持否定的看法。他们对人作最坏的预期，观察人的时候，总是看到其本质恶劣的一面、满肚子自私自利的动机。对悲观的人而言，社会是由一群狡猾、颓废而邪恶的人组成的，他们总是想利用周遭的事物为自己牟利。这群人既无法信赖，也不值得对其伸出援手。

对悲观的人谈起任何计划，他们马上就会提出一连串有关这个计划的麻烦与障碍。而且他们还会告诉你，即使圆满达成目的，最后只会尝到苦涩、幻灭与屈辱。经他们这么一说，你大概会立刻全身无力了吧。

悲观的人拥有近乎异常的传染力。如果某天早晨，偶然在路上碰到他们，他们会立即将消极的态度与无力感传染给你。我们每个人的内心都有一种期待被唤醒、引诱的"倾向"。悲观的人能够巧妙地掳获这种"倾向"，借此实现其目的。

我们内心的"倾向"包括：第一，对未来的不安与恐惧。第二，我们与生俱来的怠惰，希望躲在自己的"壳"里不要动。事实上，悲观者的本质就是怠惰。他们不愿努力适应新的事物，也不愿改变习惯。无论起床、用餐以及度周末的方式，都要依照固定的模式进行。

一般而言，悲观者是吝啬的。他们认为既然每个人都那么贪婪、堕落，而且千方百计想占人便宜，自己又为什么必须宽以待人呢？他们常常妒忌别人，只要听他们说话就知道了。他们会吹嘘自己过去做了哪些了不起的事，还会夸口当年若非某些障碍的阻挠，或者一些腐败的现象，或者某些无能的家伙比自己还受到重用，他们一定会成就更了不起的事业。

相形之下，乐观者单纯、朴直多了。他们容易信赖别人，也愿意涉入险境。但其实他们也能察觉别人的恶意或缺点，只是不愿将之视为障碍而犹豫不前。他们相信每个人都有优点，并努力唤醒别人的优点。

悲观者躲在自己的"壳"里面，甚至不愿听取别人的意见，认为别人都具有危险性。相反地，乐观者关心别人，让别人畅所欲言，给别人时间，观察对方的所作所为。如此便能够了解每个人的长处、优点，因而得以团结、领导众人，共同朝某个目标迈进。卓越的组织者、优秀的企业家以及杰出的政治家，都必须具备这种特质。

此外，乐观者也比较容易克服困难。因为他们会积极寻找新的解决方法，在很短的时间内就把不利的条件转变成有利的条件。悲观者则会因为一下子就看到困难而心生畏惧、退缩不前。其实在很多情况下，只需要一点想象力，情况就会完全改观。

每个人都要把心灵的频率调好，以聆听辨别出积极消极话语间的差异，进而把消极逐出心灵。因为任何难题之解答，总是生于积极进取心态中的。

积极一点吧！烦恼的难题是可以解决的。就算不能彻底解决，起码我们也能加以处理，使之不致恶化，甚至是从其中汲取人生智慧。不过，我们必须先能够积极地掌握自己的生命与思想。

用你的理智控制你的暴躁

这是一个真实的故事：在临近高考还有23天的那天早上，在一个时常洋溢着欢乐笑声的班集体里，同学们正在全神贯注地填着志愿表。一切都是那么平静，谁也不敢相信暴风雨会光速般地向他们袭来……

小雨，全年级师生公认的一匹"黑马"，拥有无限的前程。但他做事很冲动，只要情绪一来就根本不知道什么是冷静，什么是君子动口不动手。其实他并不想伤害别人，更不想毁了自己的前途。那是理智与他无缘呢？还是他自己放弃了对理智的追求？

这一次，待他冷静下来后，他才发现自己不想发生的一切已成了现实。他把一位同学的双眼给打瞎了，年满18岁的他将要面临严峻的刑事处罚。他在彷徨中收拾好书包离开了教室，从那以后同学们再也没有见过他……

太不理智、太不成熟了啊！很多人如是慨叹。

什么是成熟？

成熟意味着由复杂走向简单。就像一位少女不必像其他的少女的婚期一样，举行那种烦琐的仪式，而是选择简单的方式，用一个电话就把所有的繁文缛节都省略了，然后轻松地上路，把真正属于自身的快乐独自享受，而蜜月的路途便会变得很长。

成熟意味着一种从容。就像去超市购物，你可以让成熟的购物方式成为一种好心情。不必再把任何一项购买的意向构思得十分缜密才去实施，而几乎是在游览般的欣赏中，就完成了过去要用不少的心智才能作出的决定。

成熟者有许多不同于常人的心理特征，具有对别人表示同情、亲切或爱的能力；能够接纳自己的一切，好坏优劣都如此；能够准确、客观地知觉现实和接受现实；知道自己的现状和特点；能着眼未来，行为的动力来自长期的目标和计划。然而，有一点我们绝对不可以忘记——那就是冷静。

是的，冷静是成熟者应有的特质。冷静不只在于能够控制自己的情绪，它更在于一个人如何给自己准确定位，如何面对各种复杂的局势，如何处理生活中、事业上突如其来的变化。

每个人都渴望走向成熟，那么，让我们先保持冷静。

俗话说：天有不测风云。生活中每个人都可能遇到许多不尽如人意之处。比如，你在外面做生意失败了；回到家中突然遇到父母不幸去世；太太被老板炒了鱿鱼；孩子踢球把邻居家的玻璃打碎了，人家找上门来等。面对上述情形，你会有"发疯"的感觉吗？其实生活中有许多人和事，就是因在突发情况下的不理性而使事情恶化，使自己成了受害者。

曾听说过这样一件事：一位大学毕业生应聘于一家公司搞产品营销，公司提出试用三个月。三个月过去了，这位大学生没有接到正式聘用的通知，于是他一怒之下愤然提出辞职，公司的一位副经理请他再考虑一下，他越发火冒三丈，说了很多过激的抱怨的话。对方终于也动了气，明明白白地告诉他，其实公司不但已决定正式聘用他，还准备提拔他为营销部的副主任。这么一闹，公司无论如何也不用他了。这位涉世未深的大学生因他的不理性而白白地丧失了一个绝好的机会。

在生活当中，理性地面对社会百态，才能使我们的生活提升至较高品位。理性处世，是为人的素质体现，也是情感的睿智反映。韩信肯受胯下之辱，非但不是怯懦，恰恰体现了他过人的理性。刘邦与项羽决战在即，正要韩信出兵相助之时，韩信提出要刘邦封他为"假齐王"，刘邦勃然大怒，大骂韩信不该在这个时候要求封为假齐王。然而一经张良提醒，马上恢复冷静，转而骂道，大丈夫要当王须当个真王，怎么可以要求封为假齐王？遂当即封韩信为齐王，从而使韩信出兵，打败了强敌项羽，最终夺得了天下。如果当时刘邦不能理性地分析局势，那天下最终属谁所有，恐怕尚不能定。

以理性面对社会，有利于顺境与逆境的反思，可既利社会又利自己；以理性面对生活，有利于在苦乐中洗炼，可尽享人生中的惬意；以理性面对他人，有利于善恶中的辨识，可亲君子而远小人；以理性面对名利，有利于道德上的不断完善，可提高人品和素质；以理性面对坎坷，有利于安危中的权衡，可除恶保康。理性使我们大度、睿智、无私和聪颖。

理性是知识、智慧的独到涵养，更是睿智、大度的深刻感悟。我们面对着一个高速发展的物质世界，必须具有人性的成熟美。否则，就是成功送到我们面前，我们还是难免在毛躁中与失败相遇。

第十一章 保持冷静，切忌浮躁

越是关键时刻越要冷静

足球场上，两队经过90分钟酣战，又度过了随时可能遭遇"突然死亡"的30分钟加时赛，紧张刺激的时刻终于到了——点球决胜！

生死在此一举。此时对于被指派上场的球员而言，什么是最重要的？信心？力量？技术？不！是沉着！此时唯有沉着方能助球员完成这最后的致命一击，助整个球队走向辉煌的胜利。

不管你是否承认，只有沉着才是力拯危局的法宝，沉着这种品质总能产生战无不胜的力量。

历史上的法奥马伦哥战役是拿破仑执政后指挥的第一个重要战役。这次战役的胜利，对于巩固法国脆弱的资产阶级政权、加强拿破仑的统治地位都有着重要的意义。在这场战役中，拿破仑把他沉着冷静与临危不乱的品质发挥到了极致，并最终取得了战役的胜利。首先，他有效地制造和利用了敌人在判断上的失误，真正做到了出奇制胜。

从亚平宁山进入北意大利是法国人在历史上入侵意大利经常走的一条老路。这一次，拿破仑一反常规，偏偏避开了他在第一次意大利战争中也曾走过的那条路线，而选择了一条历史上很少有人走过、在一般人眼里根本无法通行的道路。结果，完全出乎奥军意料之外，达成了战略上的突然性，收到了战略奇袭的效果。正是由于这一战略奇袭，他成功地避开了梅拉斯的主力，弥补了自己兵力的不足。

其次，他十分机敏，能够在复杂的形势下趋利避害，避实就虚。拿破仑率领预备军团翻过大圣伯纳德山口，进入北意大利后，面临着两种选择：一种是迅速南下，增援马塞纳，倾全力解热那亚之围，使意大利军团免遭覆灭的厄运；另一种是暂时置马塞纳于不顾，迅速挥师东进，直取伦巴第的首府米兰，阻断奥军退路，以求一举切断奥军主力与本土之间的联系，迫使奥军北撤，尔后与其进行决战。拿破仑从战役全局出发，审时度势，权衡利弊，冷静作出了选择后者的正确决策。

第三，他沉着冷静地应对着险象环生的战斗环境，在关键时刻指挥若定，临危不惧。在6月14日下午的几个小时里，法军的处境可谓岌岌可危。按照一般人的看法，出现了这种情况，法军肯定是必败无疑了。可是，拿破仑却仍然镇定自若，继续从容不迫地指挥部队抗击敌人的进攻，并且因而争取到了时间，等到了援兵的到达。尽管德赛率部队及时赶到对法军的胜利具有一定的作用，但拿破仑在这危急关头的坚定态度，对于稳定法军的情绪，鼓舞法军继续进行顽强的抵抗，无疑是有重要作用的。没有他的坚定指挥，法军早在德赛的援军到达以前就崩溃了。

毛泽东在敌人已打到眼前时，坚持要看看胡宗南的兵是啥样子；陈毅在指挥所外炮声震天时，镇定自若地摆好棋盘，对他的战友说："莫慌，来一盘（象棋）么！"这就是沉着。唯其如此，方能在危局中作出最为正确的决策，从而成为最终的胜利者。

这样消除自己的怒气

在职场中，人与人之间难免为了工作发生矛盾和争吵，产生怨气和怒气。不管因为什么原因，都会使你一天都高兴不起来。经常情绪焦虑伤人又伤己，不仅影响人际关系，也影响身心健康。下面是一些化解愤怒情绪的小办法。

●意念控制法：

在发火时，心中默念：别生气，别跟他一般见识，有什么天大的事要发这么大的火呢？

●回避矛盾法：

如果与同事刚发生了激烈的争吵，大家都在气头上，容易引起进一步的争吵，最好暂时回避他，这样可以做到眼不见，心不烦，怒气自消。

●转移思想法：

生气时，如果始终想着生气的事情，会越想越生气，越想越难过。相反，如果通过其他途径有意识地转移自己的思想，做一些自己喜欢的事情，比如，逗孩子玩，去商场购物，就可以转移大脑的兴奋点，让怒气在不知不觉中消失。

●主动释放法：

把心中的不快找你的好朋友或亲人诉说一番，亲朋好友的理解和关心让你如沐春风，化解了心中的不良情绪，而你的不良情绪也不会传染给他人。

●文字排遣法：

朋友和亲人都在忙自己的事情，一时找不到可靠的人诉说，可以把发怒的地点、原因和经过详详细细地写下来，描绘那个惹你生气的人的百般丑态，你会发现他并不如你想象中的那么可恶，甚至居然还有一些可爱之处，从而消解了怒气。

●自我超脱法：

自己提出的工作方案，可能会遭到半数以上的人的反对，包括上司和同事。也许是对你期望值太高，也许是认为你工作能力差，这都是正常的现象，不必忧虑和生气。

●积极沟通法：

当争吵双方都心平气和的时候，利用午休时间聊聊天，谈谈各自的爱好，或许你会发现你们之间并没有什么重大的"阶级"仇恨。另一方面，大家都是为了工作，不要把工作中的矛盾延续到生活之中。

●提高修养法：

平时多做一些提高修养的事，种种花草，养养鱼，学学书法，练练画，为人会变得谦和有礼，不容易暴躁和动怒。

情绪不佳时，转移你的注意力

当你因不愉快的事而情绪不佳时，你不妨试试转移自己的注意力。

1. 积极参加社会交往活动，培养社交兴趣。

人是社会的一员，必须生活在社会群体之中，一个人要逐渐学会理解和关心别人，一旦主动爱别人的能力提高了，就会感到生活在充满爱的世界里。如果一个人有许多知心朋友，可以获得更多的社会支持；更重要的是可以感受到充足的社会安全感、信任感和激励感，从而增强生活、学习和工作的信心和力量，最大限度地减少心理应激和心理危机感。

一个离群索居、孤芳自赏、生活在社会群体之外的人，是不可能获得心理健康的。随着核心家庭的增多，来自家庭的社会支持减少，因此走出家庭，扩大社会交往显得更有实际意义。

多取得身边资源。经理可以多找部属聊，同事之间也可互相讨论，激发出一个可执行的方案，执行时大家都有参与感。执行方案因为已纳入所有工作者的智慧，个人会有值得存在的价值感，减少不必要的失落。

2. 多找朋友倾诉，以疏泄郁闷情绪。

生活和工作中难免会遇到令人不愉快和烦闷的事情，如果有好友听你诉说苦闷，那么压抑的心情就可能得到缓解或减轻，失去平衡的心理可以恢复正常，并且得到来自朋友的情感支持和理解，获得新的思考，增强战胜困难的信心。

还可向自然环境转移，郊游、爬山、游泳或在无人处高声叫喊等。也可积极参加各种活动，尤其是将自己的情感以艺术性的手段表达出来。

3. 重视家庭生活，营造一个温馨和谐的家。

家庭可以说是生活的基础，温暖和谐的家是家庭成员快乐的源泉、事业成功的保证。在此环境下成长的孩子，也利于其人格的发展。

如果夫妻不和、吵架，将会极大地破坏家庭气氛，影响夫妻的感情及心理健康，而且也会极大地影响孩子的心灵。可以说不和谐的家庭经常制造心灵的不安与污染，对孩子的教育很不利。

理想的健康家庭模式，应该是所有成员都能轻松表达意见，相互讨论和协商，共同处理问题，相互供给情感上的支持，团结一致应对困难。每个人都应注重建立维持一个健全的家庭。社会可以说是个大家庭，一个人如果能很好地适应家庭中的人际关系，也可以很好地在社会中生存。

换一个角度来思考问题

诺贝尔奖得主莱纳斯·波林说："一个好的研究者知道应该发挥哪些构想，而哪些构想应该丢弃，否则，会浪费很多时间在差劲的构想上。"有些事情，你虽然做了很大的努力，但你迟早会发现自己处于一个进退两难的地位，你所走的研究路线也许只是一条死胡同。这时候，最明智的办法就是抽身退出，去研究别的项目，寻找成功的机会。

牛顿早年就是永动机的追随者。在进行了大量的实验失败之后，他很失望，但他很明智地退出了对永动机的研究，在力学研究中投入更大的精力。最终，许多永动机的研究者默默而终，而牛顿却因摆脱了无谓的研究，而在其他方面脱颖而出。

在人生的每一个关键时刻，我们都要审慎地运用智慧，作最正确的判断，选择正确的方向，同时别忘了及时检视选择的角度，适时调整。放掉无谓的固执，冷静地用开放的心胸作正确抉择。每次正确无误的抉择将指引你走向成功。

许多满怀雄心壮志的人很有毅力，但是由于不会进行新的尝试，因而无法成功。"条条大路通罗马"，请你坚持你的目标吧，不要犹豫不前，但也不能太生硬，不知变通。如果你确实感到行不通的话，就尝试另一种方式吧。

有一个非常干练的推销员，他的年薪有六位数字。很少有人知道他原来是历史系毕业的，在干推销员之前还教过书。

这位成功的推销员这样回忆他前半生的道路："事实上我是个很没趣味的老师。由于我的课很沉闷，学生个个都坐不住，所以，我讲什么他们都听不进去。我之所以是没趣的老师，是因为我已厌烦了教书生涯，对此毫无兴趣可言，但这种厌烦感却在不知不觉中也影响到学生的情绪。最后，校方终于解聘了我，理由是我与学生无法沟通。当时，我非常气愤，所以痛下决心，决定走出校园去闯一番事业。这样，我才找到推销员这份自己胜任并且感觉愉快的工作。真是'塞翁失马，焉知非福'。如果我不被解聘，也就不会振作起来！基本上，我是很懒散的人，整天都得过且过的。校方的解聘正好惊醒了我的懒散之梦，因此，到现在为止，我还是很庆幸自己当时被人家解雇了。要是没有这番挫折，我也不可能奋发图强，闯出今天这个局面。"

坚持是一种良好的品质，但在有些事上，过度的坚持，会导致更大的浪费。

你希望自己变成怎样的一个人——大富翁？艺术家？企业家？演说家？手艺超群的厨师？广受欢迎的演员？

每一个人对境遇的看法都不一样。每一个人都是独特的，有着不同的需要、希望和价值观，也有着不同的优点。若是我们违背自己的本质，不尊重自己的独特性，那么不论我们怎样努力，我们永远和顺境无缘。

你的本质和你的成功是分不开的。许多人牺牲了自己的本质，去做那些自己不愿意做的事情，这就是他们不能成功的原因。该做老师的人做了企业家，该做企业家的人却跑去当老师；该做管理员的跑去做推销员，做管理员的却是那些该做律师的人；做律师的该做医生，当医生的却该自己创业做老板。

假如你不清楚自己的本质，不明白自己的需要，那么你很可能作出完全和你的需要相反的选择。

心理失衡时，给自己一点心理补偿

现在，心理失衡的现象在生活中时有发生。大凡遇到成绩不如意、高考落榜、与家人争吵、被人误解讥讽等情况时，各种消极情绪就在内心积累，从而使心理失去平衡。消极情绪占据内心的一部分，而由于惯性的作用使这部分越来越沉重、越来越狭窄；而未被占据的那部分却越来越空、越变越轻。因而心理明显分裂成两个部分，沉者压抑，轻者浮躁，使人出现暴戾、轻率、偏颇和愚蠢等难以自抑的行为。这虽然是心理积累的能量在自然宣泄，但是它的行为却具有破坏性。

这时我们需要的是"心理补偿"。纵观古今中外的强者，其成功之秘诀就包括善于调节心理的失衡状态，通过心理补偿恢复平衡，甚至增加建设性的心理能量。

有人打了一个颇为形象的比方：人好似一架天平，左边是心理补偿功能，右边是消极情绪和心理压力。你能在多大程度上加重补偿功能的砝码而达到心理平衡，你就在多大程度上拥有了时间和精力去从事那些有待你完成的任务，并有充分的乐趣去享受人生。

那么，应该如何去加重心理补偿的砝码呢？

要有正确的自我评价。情绪是伴随着人的自我评价与需求满足状态而变化的。所以，人要学会随时正确地评价自己。有的青少年就是由于自我评价得不到肯定，某些需求得不到满足，未能进行必要的反思，调整自我与客观之间的距离，因而心境始终处于郁闷或怨恨状态，甚至悲观厌世，最后走上绝路。由此可见，青年人一定要正确估量自己，对事情的期望值不能过分高于现实值。当某些期望不能得到满足时，要善于劝慰和说服自己。不要害怕，没有遗憾的生活是平淡而缺少活力的生活。遗憾是生活中的"添加剂"，它为生活增添了改变与追求的动力，使人不安于现状，永远有进步的余地。处处有遗憾，然而处处又有希望，希望安慰着遗憾，而遗憾又充实了希望。正如法国作家大仲马所说："人生是一串由无数小烦恼组成的念珠，达观的人是笑着数完这串念珠的。"没有遗憾的生活是最大的遗憾。

为了能有自知之明，常常需要正确地对待他人的评价。因此，经常与别人交流思想，依靠友人的帮助，是求得心理补偿的有效手段。

必须意识到你所遇到的烦恼是生活中难以避免的。心理补偿是建立在理智基础之上的。人都有感情，遇到不痛快的事自然不会麻木不仁。没有理智的人喜欢抱怨、发牢骚，到处辩解、诉苦，好像这样就能摆脱痛苦。其实往往是白花时间，现实还是现实。明智的人是承认现实，既不幻想挫折和苦恼突然消失，也不追悔当初该如何如何，而是想到不顺心的事别人也常遇到，并非是老天跟自己过不去。这样就会减少心理压力，尽快平静下来，对那件事进行分析，总结经验教训，积极寻求解决的办法。

在挫折面前要适当用点"精神胜利法"，即所谓的"阿Q精神"，这有助于在逆境中进行心理补偿。例如，实验失败了，要想到失败乃是成功之母；被人误解或诽谤，要想到"在骂声中成长"的道理。

但是，在做心理补偿时也要注意，自我宽慰不等于放任自流和为错误辩解。一个真正的达观者，往往是对自己的缺点和错误最无情的批判者，是最严格要求自己的进取者，是乐于向自我挑战的人。

记住雨果的话吧："笑就是阳光，它能驱逐人们脸上的冬日。"

第十二章

与其生气，不如争气

仿佛有太多的理由让我们生气，让我们抱怨世界的不公，但是生气能解决问题吗？抱怨能让我们摆脱现状吗？生气和抱怨能换回自己的快乐和满足吗？答案当然都是否定的。生气不如争气，斗气不如斗志。

将怨气咽下，你才能争气

人往往只看得见别人的过错，看不见自己的过错，面对别人的指责，也常不加自省，反倒以恶言相向来掩饰自己的心虚。

证严法师曾说："一般人常说，要争一口气，其实，真正有功夫的人，是把这口气咽下去。"

于凡今年刚从大学毕业，他学的是英文，自认为无论听、说、读、写，对他来说都是雕虫小技。

由于他对自己的英文能力相当自信，因此寄了很多英文履历到一些外商公司去应征，他认为英文人才是就业市场中的绩优股，肯定人人抢着要。

然而，一个礼拜接着一个礼拜过去了，于凡投递出去的应征信函却了无回音，犹如石沉大海一般。

于凡的心情开始忐忑不安，此时，他却收到了其中一家公司的来信，信里刻薄地提到："我们公司并不缺人，就算职位有缺，也不会雇用你，虽然你认为自己的英文程度不错，但是从你写的履历来看，你的英文写作能力很差，大概只有高中生的程度，连一些常用的语法也错误百出。"

于凡看了这封信后，气得火冒三丈，自己好歹也是个大学毕业生，怎么可以任人将自己批评得一文不值。于凡越想越气，于是提起笔来，打算写一封回信，把对方痛骂一番，以消除自己的怨气。

然而，当于凡下笔之际，却忽然想到，别人不可能会无缘无故写信批评他，也许自己真的太过自以为是，犯了一些自己没有察觉的错误。

因此，于凡的怒气渐渐平息，自我反省了一番，并且写了一封感谢信给这家公司，谢谢他们指出了自己的不足之处，用字遣词诚恳真挚，把自己的感激之情表露无遗。

几天后，于凡再次收到这家公司寄来的信函，他被这家公司录用了！

他人的指责和抱怨是一把锐利的剑，可以刺穿你的心脏，但是你也可以伸手握住它，使它成为你的利器。

言者无意，听者有心，一切在于你如何用心来面对人生的挫折，你可以反驳别人的批评，斥责别人的无知，但这样并不会使你在别人心目中的地位提高，反而会使别人更加看不起你。

只有痛定思痛、反思自己的人，才可以化干戈为玉帛，知过能改胜过学富五车，千金也难买。

麦金莱任美国总统时，因一项人事调动而遭到许多议员政客的强烈指责。在接受代表质询时，一位国会议员脾气暴躁，粗声粗气地给了总统一顿难堪的讥骂，但麦金莱却若无其事地一声不吭，听凭这位议员大放厥词，然后用极其委婉的口气说："你现在怒气该平息了吧？照理你是没有权利责问我的，但现在我仍愿意详细解释给你听……"麦金莱说罢，那位气势汹汹的议员只得羞愧地低下了头。

的确，在生活中，遭到别人指责和抱怨的事常可碰到。遭人指责抱怨，是件极不愉快的事，有时会使人觉得很尴尬，尤其是在大庭广众面前受到指责，更是不堪忍受。但从提高一个人的处世修养角度讲，无论你遇到哪种情况的指责，都应该从容不迫，有则改之，无则加勉。为摆脱指责的尴尬局面，不妨采纳心理学家提出的以下建议：

保持冷静。被人指责总是不愉快的，面对使你十分难堪的指责时，要保持冷静，最好暂时能忍耐住并作出乐于倾听的表示，不管你是否赞同，都要待听完后再作分辩。因对方的一两句刺耳的话，就按捺不住，激动起来，不仅解决不了问题，还易将问题搞僵，将主动变为被动。

让对方亮明观点。有些指责者在指责别人时，往往似是而非，含糊其辞，结果使人不知所云。这时，你可向对方提出讲清问题的要求，态度要和气，如"你说我蠢，我究竟蠢在哪里？"或者"我到底干了什么傻事？"以便搞清对方究竟指责和抱怨你什么，让对方及时亮明自己的观点和看法。这一策略往往能有效地制止指责者对你的攻击，并能将原来的攻防关系转变为彼此合作、互相尊重的关系，使双方把注意力转向共同感兴趣的问题上。

消除对方的怒气。受到指责，特别是在你确实有责任时，你不妨认真倾听或表示同意对方对你的看法，不要计较对方的态度好坏，这样，对方指责完毕，气也消了一半。即使当你确信对方的指责纯属无稽之谈时，也要对其表示赞同，或者暂时认为对方的指责是可以理解的。这会使对方无力再对你进行攻击，并且你还可以获得更多的机会和时间进行解释，从而消释对方的怒气，使隔膜、猜疑、埋怨和互不信任的坚冰得以化解。

平静地给恶意中伤者以回击。也许，大多数指责者并不是出于恶意而指责别人的。但是，在现实生活中，确有极少数人为了其个人目的而对他人进行恶意中伤。对于这样的寻衅挑战者，应该坚定地表示自己的态度，不能迁就忍耐，更不能宽容而不予回击，但应注意态度，以柔克刚。这样会使你显得更有气魄、更有力量。

争吵的时候，换一个角度

在生活中，我们常常会看到这样一些现象：人多拥挤的公交车上，乘客之间由于无意碰撞而引起争吵，双方闹得脸红脖子粗；学校里同学之间为了一些鸡毛蒜皮的小事而出言不逊，大动肝火，怒气冲冲；邻里之间为了一些小纠纷而各不相让，争吵辱骂，没完没了。这些都是无原则的冲突、不必要的感情冲动。毫无意义的动怒，是无益之怒。

一个人在发怒的时候最难看。纵然他平时面似莲花，一旦发怒而变青变白，甚至面色如土，再加上满脸的筋肉扭曲，那副面目实在不仅是可憎而已。俗语说"怒从心头起，恶向胆边生"，怒是心理的也是生理的一种变化。人逢不如意事，很少不勃然变色的。年少气盛，一言不合便怒气相加，但是许多年事已长的人往往一样是脾气暴躁。有一位老者，年事已高，并且半身瘫痪，每晨必阅报纸，但他戴上老花镜，打开报纸，不久就要把桌子拍得大响，吹胡子瞪眼地破口大骂。报上的报道，他看不顺眼，不看不行，看了怄气。这时候大家躲他远远的，谁也不愿招惹他。过一阵雨过天晴，他的怒气消了，大家才敢靠近他。

诗云："君子如怒，乱庶遄沮；君子如祉，乱庶遄已。"这是说：有地位的人，赫然震怒，就可以收到拨乱反正之效。但盛怒之下，体内血球不知道要伤损多少，血压不知道要升高几许，总之是有损健康。而且血气沸腾之际，理智不大清醒，言行容易逾矩，于人于己都不相宜。佛家把"嗔"列为三毒之一，"嗔心甚于猛火"，克服嗔恚是修持的基本功之一。燕丹子说："血勇之人，怒而面赤；脉勇之人，怒而面青；骨勇之人，怒而面白；神勇之人，怒而色不变。"神勇是从苦行修炼中得来的。生而喜怒不形于色，那天赋实在太好了。

既为芸芸众生，谁又有这样的天赋呢？所以，一般人还是以少发脾气少惹麻烦为上。

不要妄图拉开一扇需要推开的门

太多的人悲叹生命的有限和生活的艰辛，却只有极少数人能在有限的生命中活出自己的快乐。一个人快乐与否，主要取决于什么呢？主要取决于一种心态，特别是如何善待自己的一种心态。

生活中苦恼总是有的，有时人生的苦恼，不在于自己获得多少，拥有多少，而是因为自己想得到更多。人有时想得到的太多，而自己的能力很难达到，所以我们便感到失望与不满。然后，我们就自己折磨自己，说自己"太笨""不争气"等，就这样经常自己和自己过不去，与自己较劲。

所以，凡事别跟自己过不去，要知道，每个人都有或这或那的缺陷，世界上没有完美的人。这样想来，不是为自己开脱，而是使心灵不会被挤压得支离破碎，永远保持对生活的美好认识和执着追求。

别跟自己过不去，是一种精神的解脱，它会促使我们从容地走自己选择的路，做自己喜欢的事。

真的，假如我们不痛快，要学会原谅自己，这样心里就会少一点阴影。这既是对自己的保护，又是对生命的珍惜。

轻松一点，做自己喜欢的事

快乐是一种情绪。懂得了控制情绪的方法，你就已经站在了快乐的一方，看到鲜花时，你就会咧嘴微笑；看到流水，就会心旷神怡；看到青草，就会感到自己回归了大自然。人生在世，要为快乐而活，就能享受多姿多彩的生活。

快乐是一种思想。不论贫穷与富有，只要思想快乐，你就是一个快乐的人。生活是一种享受，快乐是生活的主题，生活是追求幸福的过程，快乐是幸福的内涵。生活中，每个人都应该为自己"找些快乐"。

有这样一个故事：

一位富商花费巨资收藏了许多珍贵的古董、字画以及各种珍珠、翡翠等，为防失窃，他安装了严密的保安系统，平日里很少进去欣赏，只将其当成个人财富的一部分用来炫耀。

有一天，富商忽然心血来潮，决定让大厦的清洁工进去开开眼界。

清洁工进去后，并未流露出艳羡之色，只是慢慢地逐一浏览，细细地欣赏。待他走出厚厚的铁门时，富商忍不住炫耀道："怎么样？看了这么多的好东西，不枉此生了吧？"

那个清洁工说："是啊，我现在感觉与你一样富有，而且比你更快乐。"

"怎么可能？"富商摇着头说道。

那个清洁工笑着答道："你所有的宝贝我都看过了，不就是与你

263

一样富有了吗？而且我又不必为那些东西担心这担心那的，岂不比你更快乐？"

快乐不在于拥有多少，而在于感觉如何。只要用心去感受，生活中快乐就无处不在。生活的乐趣是对生命的热情，丧失了这种热情，即使能像故事中的富商一样拥有很多的财富，也不一定能享受到生命的乐趣。

为自己的快乐而活，要敢于接受挑战和考验，在困难中，依然精神抖擞，向着目标前进。在苦难中，不忘仰望苍穹，轻轻哼唱，感激阳光雨水，赞美它的神奇与无私。快乐和痛苦是一体两面的，禁受不住痛苦的考验，也就难以体会真正的快乐。

为自己的快乐而活，但不可自私。快乐是无私的，为别人带去一份快乐的同时，自己也能得到同样的快乐，而给别人带去烦恼的同时，自己也会得到一样的烦恼。

为自己的快乐而活，应顺其自然，不能乐昏了头。快乐就像春风，可以让人感到舒适，过了头则会乐极生悲，拂面的微风就会变成极具破坏力的狂风。

为自己的快乐而活，是一种洒脱，是一种境界，是最为成功的人生。

时时勤拂拭，勿使惹尘埃

从前，有个长发公主叫雷凡莎，她头上披着很长很长的金发，长得很美丽。雷凡莎自幼被囚禁在古堡的塔里，和她住在一起的老巫婆天天念叨雷凡莎长得很丑。

一天，一位年轻英俊的王子从塔下经过，被雷凡莎的美貌惊呆了，从那以后，他天天都要到这里来一饱眼福。雷凡莎从王子的眼睛里认清了自己的美丽，同时也从王子的眼睛里进而发现了自己的自由和未来。有一天，她终于放下头上长长的金发，让王子攀着长发爬上塔顶，把她从塔里解救了出去。

囚禁雷凡莎的不是别人，正是她自己，那个老巫婆是她心里迷失自我的魔鬼，她听信了魔鬼的话，以为自己长得很丑，不愿见人，就把自己囚禁在塔里。

其实，人在很多时候不就像这个长发公主吗？人心很容易被种种烦恼和物欲所捆绑，那都是自己把自己关进去的，就像长发公主，把老巫婆的话信以为真，认为自己长得很丑，因此把自己囚禁起来。

就是因为自己心中的枷锁，我们凡事都要考虑别人怎么想，将别人的想法深深套在自己的心头，从而束缚了自己的手脚，使自己停滞不前。就是因为自己心中的枷锁，我们独特的创意被自己抹杀，认为自己无法成功，告诉自己，难以成为配偶心目中理想的另一半，无法成为孩子心目中理想的父母、父母心目中理想的孩子。然后，开始向环境低头，甚至于开始认命、怨天尤人。

人的一生的确充满了许多坎坷、许多愧疚、许多迷惘、许多无奈，稍不留神，我们就会被自己营造的心灵监狱所监禁。而心狱是残害我们心灵的极大杀手，它在使心灵调零的同时又严重地威胁着我们的健康。

既然心狱是自己营造的，人自己就有冲出心狱的能力，那么，还是让我们自己动手，拆除心灵的监狱，挣脱心灵的枷锁，还自己靓丽的心灵吧！

唐朝僧人曾说："身是菩提树，心如明镜台。时时勤拂拭，勿使惹尘埃。"心如明镜，纤毫毕现，洞若观火，那身无疑就是"菩提"了。但前提是"时时勤拂拭"，否则，尘埃厚厚，似茧封裹，心定不会澄碧，眼定不会明亮了。

每个人都有扫心地的任务，对于这一点，古代的圣者先贤看得很清楚。圣者认为，"无欲之谓圣，寡欲之谓贤，多欲之谓凡，得欲之谓狂"。圣人之所以成为圣人，就在于他心灵的纯净和一尘不染，凡人之所以是凡人，就在于他心中的杂念太多，而他自己还蒙昧不知。所以，圣人了悟生死，看透名利，继而清除心中的杂质，让自己纯净的心灵重新显现。

我们都有清理打扫房间的体会吧，每当整理完自己最爱的书籍、资料、照片、唱片、影碟、画册、衣物后，你会发现：房间原来这么大，这么清亮明朗！自己的家更可爱了！

其实，心灵的房间也是如此，如果不把污染心灵的废物一块一块地清除，势必会造成心灵垃圾成堆，而原来纯净无污染的内心世界，亦将变成满池污物，让你变得更贪婪、更腐朽、更不可救药。

人的一生，就像一趟旅行，沿途中有数不尽的坎坷泥泞，但也有看不完的春花秋月。如果我们的一颗心总是被灰暗的风尘所覆盖，干涸了心泉、黯淡了目光、失去了生机、丧失了斗志，我们的人生轨迹岂能美好？
而如果我们能"时时勤拂拭"，勤于清扫自己的"心地"，勤于掸净自己的灵魂，我们也一定会有"山重水复疑无路，柳暗花明又一村"的那一天。

勤扫心地，勤于清除心中的垃圾，此乃"正心、诚意、修身"之径。

抱怨的时候，你错过了美丽的风景

我们在街谈巷议，茶余饭后的聊天中，常常可以听见一些人牢骚满腹。他们往往都认为自己是世界上最委屈的一个，简直比窦娥还委屈。他们抱怨工作职位低，赚钱少，老板苛刻；抱怨老婆丑、不温柔……总之，生活中一切不如他意的地方都要发一通牢骚，以泄私愤。

人总会有灰心气馁、不满意的时候，此时发点牢骚、骂几句娘倒也未尝不可，但如果整天牢骚满腹，不论大事小事，只要不合我意就怨天尤人，就未免有点不正常了。

有这样一个故事：

相传，有个寺院的住持，给寺院里立下了一个特别的规矩：每到年底，寺院里的和尚都要面对住持说两个字。第一年年底，住持问新和尚心里最想说什么，新和尚说："床硬。"第二年年底，住持又问他心里最想说什么，他回答说："食劣。"第三年年底，新和尚没等住持问便说："告辞。"住持望着新和尚的背影自言自语地说："心中有魔，难成正果，可惜！可惜！"

新和尚对待世事都持一种消极的心态，所以才不能安于现状，一味地抱怨。而他的抱怨，也让他失去了修成正果的机会。

牢骚也好，抱怨也罢，都是因为抱有的心态不对，看问题的角度不对，如果能够以积极的心态换个角度看问题，相信人的心情会一下子好起来。事物在一个人心中的好坏，取决于此人的心态，而不是事物本身，正所谓"以我观外物，外物皆着我色"。牢骚满腹者，不妨转换一下心情，让乐观主宰自己。下面这个故事讲的正是这样的道理：

中国著名的国画家俞仲林擅长画牡丹。

有一次，某人慕名买了一幅他亲手所绘的牡丹，回去以后，此人高兴地将画挂在客厅里。

此人的一位朋友看到了，大呼不吉利，因为这朵牡丹没有画完全，缺了一部分，而牡丹代表富贵，缺了一角，岂不是"富贵不全"吗？

此人一看也大为吃惊，认为牡丹缺了一边总是不妥，拿回去预备请俞仲林重画一幅。俞仲林听了他的理由，灵机一动，告诉买主，既然牡丹代表富贵，那么缺一边，不就是富贵无边吗？

这个人听了他的解释，觉得有理，高高兴兴地捧着画回去了。

同一幅画，因为心态不同，便产生了不同的看法。所以，凡事都应持一种积极的心态，往好处想，而不是看什么都不顺眼，这样就会少些烦恼、苦痛、牢骚，多些欢乐、平安。

"牢骚太盛防肠断，风物长宜放眼量"。现实就是如此，我们必须坦然面对，不能只知发牢骚，否则，如果在牢骚中错过了人生正点的班车，那又将会在抱怨中错过下一次坐正点班车的机会。正如泰戈尔所说："如果错过了太阳时你流了泪，那么你也要错过群星了。"

最重要的是活出自我

每个人都有自己做人的原则，都有自己为人处世之道，都有自己的生活方式。生活中不必太在意别人的看法，更不能为别人的一席话而改变自己。

有这样一个故事：

一个老头带着儿子牵着驴去赶集，驴驮着一袋粮食。他们刚出门不远，道边便有人对老头说，"你真傻，为什么不骑着驴呢？"老头听后觉得有理，于是，便骑上了驴。可走不多远，又听到道边有人对他说，"这老头心真狠，他自己骑着驴，让儿子走着。"老头听后，赶紧从驴上下来，让儿子骑了上去。

可又走没多远，又有人对他们说："这个孩子真不懂事，自己骑驴，让老人走着。"

于是，两人干脆都骑到驴上。没走到集上，又有人对他们说："这两人心真坏，让驴驮着东西，人还骑上去。"

老头不得不又从驴上下来，连驴驮的粮食他也自己背上了。

故事到这儿肯定还没完，指不定过一会儿又有人笑他们傻，放着驴不用，人却背着粮食。总之，人没有主见，永远也不得安宁。

所谓众口难调，一味听信于人者，便会丧失自己，做任何事都患得患失、诚惶诚恐，这种人一辈子也成不了大事。他们整天活在别人的阴影里，太在乎上司的态度，太在乎老板的眼神，太在乎周围人对自己的看法。这样的人生，还有什么意义可言呢？

人各有各的脾气性格，有的人活跃、有的人沉稳、有的人热爱交际、有的人喜欢独处。不论什么样的人生，只要自己感到幸福，又不妨碍他人，那就足矣，不要压抑自己的天性，失去自己做人的原则。只要活出自信，活出自己的风格，就让别人去说好了。正像但丁说的那样："走自己的路，让别人去说吧！"

古代有这样一个笑话：一个衙门的差役，奉命押送一个犯了罪的和尚，临行前，他怕自己忘带东西，就编了个顺口溜："包袱雨伞枷，文书和尚我。"在路上，他一边走一边念叨这两句话，总是怕在哪儿不小心把东西丢一件，回去交不了差。和尚看他有些呆，就在停下来吃饭时，用酒把他灌醉了，然后给他剃了个光头，又把自己脖子上的枷锁拿过来套在他的身上，自己溜之大吉了。差役酒醒后，总感到少了点什么，可包袱、雨伞、文书都在，摸摸自己的脖子，枷锁也在，又摸摸自己的头，是个光头，说明和尚也没丢，可他还是觉得少了点什么，念着顺口溜一对，他大惊失色："我哪里去了，怎么没有我了？"

这虽然是一则笑话，可笑过之后，却发人深思。亨利曾经说过："我是命运的主人，我主宰我的心灵。"人应该做自己的主人，应该主宰自己的命运，不能把自己交付给别人。生活中有很多人却不能主宰自己，有的人把自己交付给了金钱，成了金钱的奴隶；有的人为了权力，成了权力的俘虏；有的人禁受不住生活中各种挫折与困难的考验，把自己交给了上帝。

做自己的主人，就不能成为金钱的奴隶，不能成为权力的俘虏，要不失自我，在各种诱惑面前保持自己的本色，否则便会丢失自己。过于热衷于追求外物者，最终可能会如愿以偿，但却会像差役一样把最重要的一样给丢了，那就是自己。

我们有权力决定生活中该做什么，不能由别人来代为决定，更不能让别人来左右我们的意志，而自己却成了傀儡。其实，只有自己最了解自己，别人并不见得比自己高明多少，也不会比自己更了解自己的实力，只有自己的决定才是最好的。从现在起，做自己的主人，不要让别人来控制你了。达尔文当年决定弃医从文时，遭到父亲的严厉斥责，说他是不务正业，整天只知道打猎捉耗子。达尔文在自传上写着："所有的老师和长辈都说我资质平庸，我与聪明是沾不上边的。"而就是这样一个不务正业、与聪明不沾边的人，却成了生物进化论的理论提出者。

我们应该做命运的主人，不能任由命运摆布自己。当我们面对生活中不可避免的挫折、困难、病痛时，如果被打败，让这些生活的绊脚石主宰了自己，整天专注于病痛的折磨，使自己的日子只有痛苦而没有快乐，那便是丧失了自我。真正的命运主人，是能够战胜病痛的，是不会向命运屈服的。达·芬奇、莫扎特、凡·高等人，都是我们的榜样，他们生前都没有受到命运的公平对待，但他们没有屈服于命运，没有向命运低头，他们向命运发出了挑战，最终战胜了它，成了自己的主人，成了命运的主宰。

挪威大剧作家易卜生有句名言说："人的第一天职是什么？答案很简单：做自己。"是的，做人首先要做自己，首先要认清自己，把握自己的命运，实现自己的人生价值，只有这样，才真正算是自己的主人。